# 装配式混凝土建筑常见问题防治指南

## （2019 版）

深圳市建设科技促进中心　主编

同济大学 出版社
TONGJI UNIVERSITY PRESS

图书在版编目（CIP）数据

装配式混凝土建筑常见问题防治指南：2019 版 / 深
圳市建设科技促进中心主编 . -- 上海：同济大学出版社，
2020.5

ISBN 978-7-5608-9249-8

Ⅰ . ①装… Ⅱ . ①深… Ⅲ . ①装配式混凝土结构—建
筑施工—指南 Ⅳ . ① TU37-62

中国版本图书馆 CIP 数据核字（2020）第 066623 号

**装配式混凝土建筑常见问题防治指南**（2019 版）

深圳市建设科技促进中心　主编

责任编辑　朱　勇
责任校对　徐春莲
封面设计　陈益平（图片由深圳市华阳国际工程设计股份有限公司提供）

出版发行　同济大学出版社 www.tongjipress.com.cn
　　　　　（地址：上海市四平路 1239 号　邮编：200092　电话：021- 65985622）
经　　销　全国各地新华书店
印　　刷　上海安枫印务有限公司
开　　本　787mm×1092mm　1/16
印　　张　8.5
字　　数　212 000
版　　次　2020 年 5 月第 1 版　　2020 年 5 月第 1 次印刷
书　　号　ISBN 978-7-5608-9249-8
定　　价　78.00 元

# 《装配式混凝土建筑常见问题防治指南（2019版）》
# 编审委员会

指 导 单 位：深圳市住房和建设局
主 编 单 位：深圳市建设科技促进中心
参 编 单 位：深圳市龙岗区工程质量监督检验站
深圳市华阳国际建筑产业化有限公司
有利华建筑产业化科技（深圳）有限公司
深圳市碧桂园房地产投资有限公司
中建三局一公司
深圳市现代营造科技有限公司
深圳市振核建设工程项目管理有限公司
深圳泛华工程集团有限公司
深圳市广胜达建设有限公司
深圳市邦迪工程顾问有限公司
广东建宇建筑科技有限公司
万科前田顾问有限公司
华南建材（深圳）有限公司
深圳市建筑产业化协会
深圳市鹏建混凝土预制构件有限公司
华润建筑有限公司
江苏省华建建设股份有限公司深圳分公司

# 序

发展装配式建筑是建造方式的重大变革，是推进供给侧结构性改革和新型城镇化发展的关键举措，是促进建筑业转型升级、推动建设领域高质量发展的重要抓手。

近些年，党中央国务院高度重视装配式建筑的发展，我国装配式建筑发展也呈现出欣欣向荣的局面，政策法规、技术与标准、产业能力等均越来越全面。但是，总体上我国装配式建筑还处于初期发展阶段，大部分从事装配式建筑行业的技术人员缺乏项目经验，行业内亟需以项目实际操作案例为主的技术经验总结书籍。这本《装配式混凝土建筑常见问题防治指南（2019 版）》犹如春风风人，正逢其时。

经主编单位介绍，认真读过全书后，再次为深圳作为改革开放的排头兵具有的高效率、高标准及实事求是的实干精神所感动！全书以深圳及其他城市近几年实施的装配式混凝土建筑在建设全过程中遇到的实际问题为导向，参照行业相关标准和图集，结合专家经验提出防治措施建议，并采用图文并茂的形式进行编辑。全书内容丰富、资料图片真实可信、采用规范依据明确扼要、给出的防治建议得当合理，编排简洁、易于理解，是一本专业性、实用性、指导性非常高的书籍。相信本书的内容不仅面向深圳，更可为全国装配式建筑企业和广大从业人员所借鉴，对提高我国装配式建筑行业持续健康发展具有重要意义。

愿全行业不忘初心，同心戮力，脚踏实地的为我国装配式建筑行业贡献力量！

在本书付梓之际，应邀作序，谨此表达我对本书出版的赞赏与支持。

中国工程院院士

中冶建筑研究总院有限公司董事长

# 前　言

为贯彻落实国家、广东省、深圳市关于大力发展装配式建筑的决策部署，实现"提升质量，提升效率，减少人工，节能减排"（以下简称"两提两减"）的目标，深圳市先后出台了《关于加快推进装配式建筑的通知》（深建规〔2017〕1号）、《深圳市装配式建筑发展专项规划（2018-2020）》（深建字〔2018〕27号）、《深圳市住房和建设局 深圳市规划和国土资源委员会关于做好装配式建筑项目实施有关工作的通知》（深建规〔2018〕13号）等一系列政策文件和技术文件，有力推动了我市装配式建筑稳步发展，提升建筑工业化发展水平。

在我市装配式建筑项目技术服务和跟踪过程中，发现项目实施过程中存在一些常见性的技术和管理问题。为避免后续的项目出现类似问题，有必要对这些问题出现的原因和可能造成的影响及后果进行分析，并提出相应的防治措施。为此，我们组织全市装配式混凝土建筑产业链上的骨干企业、技术中坚和行业专家成立编制组，共同编制完成了这本《装配式混凝土建筑常见问题防治指南（2019版）》。全书共分装配式建筑设计、预制构件生产与运输、预制构件施工安装、装配式模板、施工设施、预制内隔墙、机电与装修施工七个章节，基本涵盖了目前我市装配式混凝土建筑常见的各类问题，可指导和帮助相关企业在项目建设过程中解决类似问题和避免出现相关问题。相信本书的出版，对于提高我市装配式混凝土建筑的工程质量以及装配式建筑从业人员的技术能力和管理水平，促进我市装配式建筑健康发展，都将具有十分重要的意义。

尽管我们已经尽量将近几年实践中遇到的问题进行了收集汇总，但仍然不能完全覆盖各种可能的问题，同时一些特殊个例及因从业人员责任心等导致的质量问题也不纳入本书。由于工程问题处理方法多种多样，书中提出的防治措施和建议做法也未必涵盖所有的措施和方法，本书仅供装配式建筑相关企业和从业人员借鉴参考，同时也希望各企业在实践过程中加强沟通交流、不断积累经验，对本书提出宝贵意见（E-mail:cjzxgreen@zjj.sz.gov.cn），以供今后修订时修正和充实，为我市装配式建筑发展做出贡献。

深圳市建设科技促进中心

2020 年 5 月

# 目 录

# 1 装配式建筑设计

　　装配式建筑的主要特征是生产方式的工业化，关键环节是标准化设计，项目设计的优劣在很大程度上决定了装配式建筑的安全性、合理性、经济性以及现场构件安装的可实施性，因此，做好前期的装配式建筑设计是核心。在装配式建筑设计中应当考虑技术前置、管理前移、协同设计，需要从方案阶段开始引入装配式建筑的设计理念，同时考虑设计各专业、内外装、门窗幕墙、构件制作与运输、施工安装、模板、外架等相关技术条件，进行协作、协同设计，才能达到装配式建筑"两提两减"的目标。

　　目前大部分装配式建筑设计人员仍处于按照施工图拆分构件的初级阶段，对其他专业的相互关系、构件生产、铝模、外爬架以及施工安装的技术知识了解不够充分，造成装配式建筑方案不合理、连接节点错误、构件制作和运输困难、构件安装困难等问题，进而造成装配式建筑的成本增加、质量难以控制、现场工效低下、影响结构安全。

　　本章将针对装配式建筑项目中由于前期设计考虑不到位或相关单位介入时间不及时而造成的常见问题进行梳理分析，提出相应的防治措施。

## 1.1 装配式建筑前期策划

| 问题 1 | 未进行装配式建筑方案设计前期技术策划或策划方案不合理 |
|---|---|
| 原因分析 | 未进行前期技术策划；对产业配套、场地自身及周边情况了解不足，或装配式建筑方案在设计阶段介入时间过晚 |
| 影响及后果 | 1. 项目周边预制构件生产企业排产情况了解不足，运输距离不在合理的范围内；<br>2. 场地高差、路线限高（限宽）等原因造成预制构件无法运输到项目现场；<br>3. 场地周边环境对塔吊设置限制过大，造成塔吊的覆盖范围或吊重无法满足预制构件安装要求 |
| 规范标准相关规定 | 《装配式混凝土建筑技术标准》（GB/T 51231-2016）<br>3.0.8　装配式混凝土建筑应进行技术策划，对技术选型、技术经济可行性和可建造性进行评估，并应科学合理地确定建造目标与技术实施方案 |
| 防治措施 | 1. 对项目周边的产能和生产线可生产的预制构件类型进行调研分析，确定设计方案中的预制构件类型；<br>2. 充分考察项目及周边场地情况，实地调研预制构件厂到项目现场的运输路线情况；<br>3. 结合项目总图和周边情况，合理分析塔吊设置，确保预制构件可吊装 |

| 问题 2 | 户型标准化或预制构件标准化程度较低 |
|---|---|
| 原因分析 | 1. 建筑方案前期未考虑装配式建筑特点；<br>2. 户型设计或立面设计过于复杂；<br>3. 对标准化设计和成本控制考虑不足 |
| 影响及后果 | 户型和预制构件种类过多，影响建造工期，加大项目管理难度，增加建造成本 |
| 规范标准相关规定 | 《装配式混凝土建筑结构技术规程》（DBJ 15-107-2016）<br>3.0.2　装配式建筑设计应遵循少规格、多组合、标准化的原则 |
| 防治措施 | 1. 项目方案阶段应考虑装配式建筑设计；<br>2. 减少户型和预制构件种类，做到"少规格、多组合"；<br>3. 重视标准化设计理念，单个项目数量少于 50 个的预制构件需慎重选择 |

| 问题3 | 预制构件类型选择不合理，未综合考虑后期安装工艺 |
|---|---|
| 原因分析 | 1. 缺乏标准化设计概念，装配式建筑方案设计时预制构件选型不合理；<br>2. 预制构件的选择仅考虑满足相关政策及文件的要求，缺乏系统性；<br>3. 不了解预制构件生产及安装工艺，构造节点设计不合理 |
| 影响及后果 | 土建成本增量加大，预制构件现场安装困难，未达到装配式建筑预期，甚至可能影响结构安全或建筑性能 |
| 规范标准相关规定 | 《装配式混凝土建筑设计文件编制深度标准》（T/BIAS 4-2019）<br>3.1.1　装配式建筑方案宜进行标准化设计，预制构件布置方案应合理，设计内容应满足国家标准、行业标准以及地方相关规定、要求 |
| 防治措施 | 1. 重视标准化设计，选择合适的预制构件类型；<br>2. 预制构件方案选择应"重体系、轻构件"，应选择合适的预制部位；<br>3. 构造节点设计应满足规范和概念设计要求，便于生产和施工 |

## 1.2 建筑设计

### 1.2.1 外立面设计

| 问题 4 | 建筑立面分隔缝与预制构件拼缝未协调统一 |
|---|---|
| 原因分析 | 设计深化考虑不足或设计疏漏 |
| 影响及后果 | 预制外墙板拼缝处外墙腻子易出现开裂、收缩、鼓胀等问题，影响立面观感 |
| 规范标准相关规定 | 《装配式混凝土建筑结构技术规程》（DBJ 15-107-2016）<br>3.0.1 装配式混凝土建筑应采用系统集成的方法统筹设计、生产运输、施工安装，实现全过程的协同 |
| 防治措施 | 建筑立面明缝宜设置在预制外墙板拼缝处，同时应考虑非标准层的立面延伸 |
| 问题案例图示 | <br>图 1-1 建筑立面分隔缝与预制外墙板拼缝未协调统一，外墙腻子在预制外墙板拼缝处开裂、鼓胀 |
| 参考做法图示 | <br>图 1-2 建筑立面明缝设置在预制外墙板拼缝处 |

| 问题 5 | 建筑设计未考虑现浇部位与预制构件交接位置的预制构件安装支承 |
|---|---|
| 原因分析 | 1. 建筑立面设计未统筹考虑预制构件安装工艺，或设计图纸节点表达不全面；<br>2. 现浇部位与预制构件交接位置未考虑预制构件的安装支承 |
| 影响及后果 | 1. 立面线条不连续，影响建筑立面效果；<br>2. 交接部位预制构件安装困难，采用钢管支撑影响质量 |
| 规范标准<br>相关规定 | 《装配式混凝土建筑结构技术规程》（DBJ 15-107-2016）<br>3.0.1 装配式混凝土建筑应采用系统集成的方法统筹设计、生产运输、施工安装，实现全过程的协同 |
| 防治措施 | 1. 建筑设计应考虑混凝土现浇部位与预制构件交接位置关系，节点表达应全面；<br>2. 建筑设计应考虑混凝土现浇部位与预制构件交接位置的预制构件安装支承 |
| 问题案例<br>图示 |  图 1-3 现浇部位与首层预制构件交接层未做现浇反坎支撑预制构件，采用钢管支撑预制凸窗侧板，安装困难，影响后期外立面处理 |
| 参考做法<br>图示 | 图 1-4 现浇部位混凝土反坎作为首层预制构件安装支承 |

| 问题 6 | 预制构件的复杂线条，影响模板施工 |
|---|---|
| 原因分析 | 建筑设计在预制构件上设置复杂线条，预制构件与模板连接节点施工困难 |
| 影响及后果 | 预制构件复杂线条部位与模板无法有效贴合，安装困难，易漏浆或涨模，影响观感质量，后期处理费工费时 |
| 规范标准相关规定 | 《装配式混凝土结构技术规程》（JGJ 1-2014）<br>3.0.1 在装配式建筑方案设计阶段，应协调建设、设计、制作、施工各方之间的关系，并应加强建筑、结构、设备、装修等专业的配合<br>《组合铝合金模板工程技术规程》（JGJ 386-2016）<br>4.1.5 模板配板设计应与主体结构设计、预制构件设计相互协调 |
| 防治措施 | 建筑设计时应考虑预制构件线条对安装的影响，与模板连接部位的预制构件线条宜简单，方便安装 |
| 问题案例图示 |  图 1-5 预制构件上下线条均有斜度，与模板连接处难以配板，施工困难 |
| 参考做法图示 |  图 1-6 预制构件与模板连接处线条简单，方便施工 |

## 1.2.2　外墙防水设计

| 问题 7 | 预制外墙板水平接缝处未设置构造防水 |
|---|---|
| 原因分析 | 设计深化考虑不足或设计疏漏 |
| 影响及后果 | 后期易出现外墙渗水，影响使用 |
| 规范标准相关规定 | 《装配式混凝土结构技术规程》（JGJ 1—2014）<br><br>5.3.4　预制外墙板的接缝及门窗洞口等防水薄弱部位宜采用材料防水和构造防水相结合的做法，并应符合下列规定：<br>　　1　墙板水平缝宜采用高低缝或企口缝构造 |
| 防治措施 | 应按规范要求进行节点构造设计，宜采用材料防水和构造防水相结合的做法 |
| 问题案例图示 | <br>图 1-7　预制外墙板水平接缝未设置构造防水 |
| 参考做法图示 | <br>图 1-8　预制外墙板间水平接缝设置合理构造防水　　图 1-9　预制外墙板与现浇结构水平接缝设置合理构造防水 |

| 问题 8 | 预制外墙板接缝未设计排水导管 |
|---|---|
| 原因分析 | 1. 设计只是封闭缝隙，未考虑分层排水问题，出现高压力水情况；<br>2. 设计表达不清或施工打胶时遗漏；<br>3. 外墙板拼缝防水构造设计不合理 |
| 影响及后果 | 预制外墙板拼缝处渗漏，影响建筑使用性能 |
| 规范标准<br>相关规定 | 《装配式混凝土建筑结构技术规程》（DBJ 15-107-2016 ）<br>5.4.3　外挂墙板的接缝应符合下列规定：<br>　　3　板缝空腔宜设置排水导管，板缝内侧应设置气密条密封构造，气密条直径宜大于缝宽 1.5 倍 |
| 防治措施 | 1. 预制外墙板竖向拼缝位置，建议不大于 3 层设置一个排水孔；<br>2. 预制外墙板应采用合理的防水构造 |
| 参考做法<br>图示 | 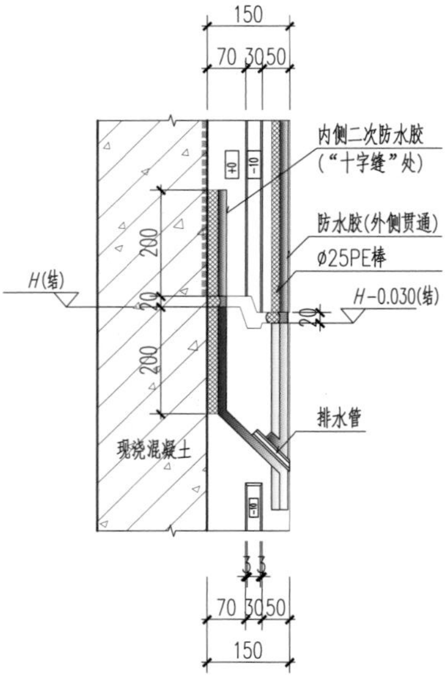 <br>图 1-10　预制外墙板竖向拼缝位置，设置排水导管，及时将水排出，避免出现高压力水情况 |

| 问题 9 | 预制挑板下檐未设计截水措施 |
|---|---|
| 原因分析 | 设计深化考虑不足或设计疏漏 |
| 影响及后果 | 雨水沿挑板下表面流到外墙面，污染墙面、门窗或渗入室内 |
| 规范标准相关规定 | 《建筑外墙防水工程技术规程》（JGJ/T 235-2011）<br>5.1.2 建筑外墙节点构造防水设计应包括门窗洞口、雨篷、阳台、变形缝、伸出外墙管道、女儿墙压顶、外墙预埋件、预制构件等交接部位的防水设防 |
| 防治措施 | 预制挑板下檐应设计滴水线或鹰嘴 |
| 问题案例图示 | 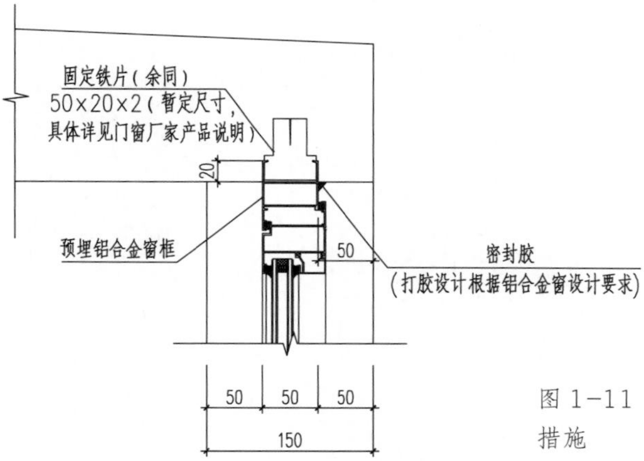 <br>图 1-11 预制挑板下檐未表达截水措施 |
| 参考做法图示 | 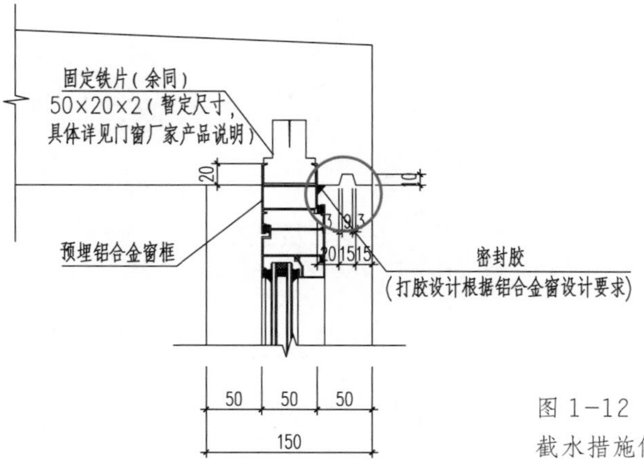 <br>图 1-12 预制挑板下檐明确表达了截水措施做法 |

## 1.2.3 节点标高设计

| 问题 10 | 预制外墙板的水平拼缝标高设计不合理 |
|---|---|
| 原因分析 | 设计未考虑水平拼缝对室内装修效果的影响 |
| 影响及后果 | 影响室内装修及居住体验 |
| 防治措施 | 设计时将水平缝隐藏在建筑面层以下（卫生间除外） |
| 问题案例<br>图示 | |
| 参考做法<br>图示 | |

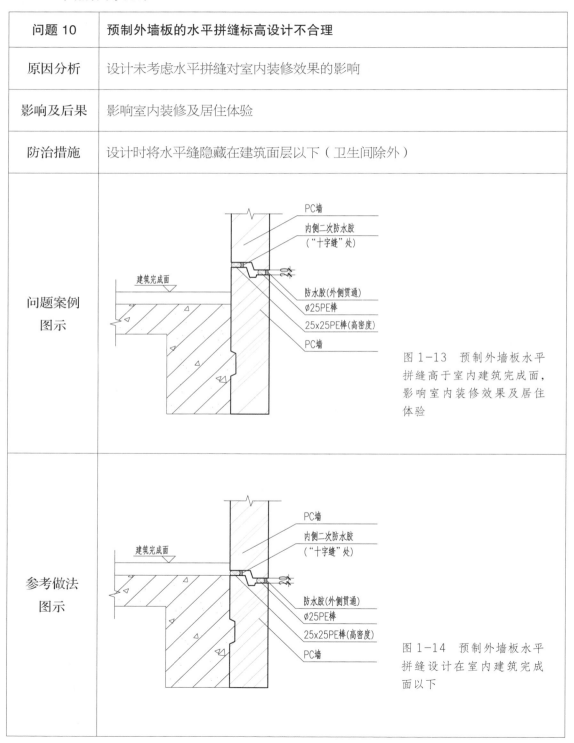

图 1-13 预制外墙板水平拼缝高于室内建筑完成面，影响室内装修效果及居住体验

图 1-14 预制外墙板水平拼缝设计在室内建筑完成面以下

| 问题 11 | 室内建筑完成面高度超出预埋窗框边缘 |
|---|---|
| 原因分析 | 设计未考虑室内装饰层或保温层厚度对预埋窗框的影响 |
| 影响及后果 | 窗台处建筑完成面高出预埋窗框，窗户无法开启或室内观感差 |
| 防治措施 | 节点设计应考虑建筑完成面对预制构件细部尺寸的影响 |
| 问题案例<br>图示 | <br><br>图 1-15　设计未考虑室内装饰层、保温层厚度对预埋窗框的影响，窗台处建筑完成面高出预埋窗框，导致窗户无法开启或室内观感差 |
| 参考做法<br>图示 | <br><br>图 1-16　设计应考虑室内装饰层、保温层厚度对预埋窗框的影响，避免窗台处建筑完成面高出预埋窗框 |

## 1.2.4 预制构件编号

| 问题 12 | 镜像预制构件未区别编号 |
|---|---|
| 原因分析 | 未考虑镜像预制构件间的差异，采用相同编号 |
| 影响及后果 | 预制构件生产为同一个构件，后期无法安装，费工费时 |
| 防治措施 | 1. 镜像预制构件设计时，宜保证预制构件中心线对称，减少因镜像而产生的非标准化；<br>2. 不同预制构件，包括镜像、预埋点位不同的构件，均应区分编号；<br>3. 预制构件上的窗框应标注窗框型号（包括窗框的镜像关系），与生产单位交底到位，明确相似构件、镜像构件的区别 |
| 参考做法图示 | 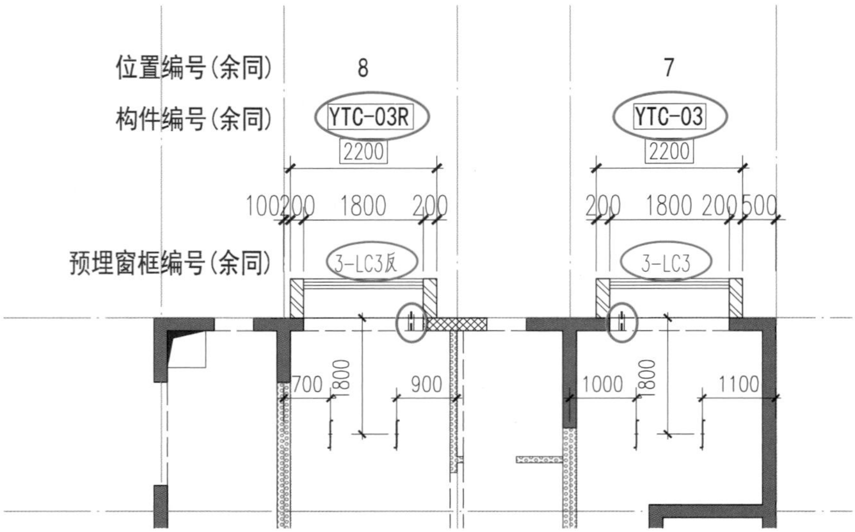 <br>图 1-17  不同预制构件（镜像、预埋点位不同等情况）均应区分编号 |

## 1.3 结构设计

### 1.3.1 结构安全设计

| 问题 13 | 结构主体计算未准确考虑预制构件的影响 |
|---|---|
| 原因分析 | 结构设计时未考虑预制构件对主体结构计算的影响 |
| 影响及后果 | 结构计算参数选取错误，影响结构安全 |
| 规范标准相关规定 | 《装配式混凝土建筑结构技术规程》（DBJ 15-107-2016）<br>6.3.1　当同一层内既有预制又有现浇抗侧力构件时，地震设计状况下宜对现浇抗侧力构件在地震作用下的弯矩和剪力进行适当放大。<br>8.1.1　抗震设计时，对同一层内既有现浇墙肢也有预制墙肢的装配整体式剪力墙结构，现浇墙肢水平地震作用弯矩、剪力宜乘以不小于1.1的增大系数。<br>9.3.5　应合理评估线支承式外挂墙板对相连构件刚度及整体结构刚度的影响 |
| 防治措施 | 充分考虑预制构件连接构造，按照规范要求考虑相关计算参数 |

| 问题 14 | 预制混凝土构造墙设计不合理 |
|---|---|
| 原因分析 | 预制混凝土构造墙设计未与主体结构设计相配合，结构设计计算未充分考虑混凝土构造墙对整体结构刚度与结构构件承载力的影响 |
| 影响及后果 | 结构计算模型与实际情况不符，影响结构安全（特别是构造墙下方是普通次梁时，形成实际的结构转换梁，底层梁及相关连接构件存在严重安全隐患） |
| 规范标准相关规定 | 《建筑抗震设计规范》（GB 50010-2010）（2016年版）<br>3.5.5　装配式结构构件的连接，应能保证结构的整体性。<br>3.7.1　非结构构件，包括建筑非结构构件和建筑附属机电设备，自身及其与结构主体的连接，应进行抗震设计。<br>3.7.4　框架结构的围护墙和隔墙，应估计其设置对结构抗震的不利影响，避免不合理设置而导致主体结构的破坏 |
| 防治措施 | 合理设计混凝土构造墙与主体结构的连接方式，符合抗震设防要求，且充分考虑其对主体结构的影响 |

| 问题 15 | 设计剪刀梯时梯板间隔墙设计在预制滑动楼梯梯板上 |
|---|---|
| 原因分析 | 1. 未考虑预制楼梯的滑动特点对隔墙安全的影响；<br>2. 建筑设计时未考虑隔墙下楼层支撑梁最小宽度要求 |
| 影响及后果 | 隔墙设置在预制滑动楼梯梯板上，当预制楼梯滑动时，可能会造成隔墙倾覆，出现安全隐患，并造成预制楼梯宽度不统一，降低标准化程度 |
| 规范标准相关规定 | 《建筑抗震设计规范》（GB 50011-2010）（2016 年版）<br>3.7.3 附着于楼、屋面结构上的非结构构件，以及楼梯间的非承重墙体，应与主体结构有可靠的连接或锚固，避免地震时倒塌伤人或砸坏重要设备 |
| 防治措施 | 楼梯间宽度应考虑楼梯隔墙的支撑方案，建议设置隔墙下楼层支撑梁，支撑梁宽度不宜小于 150mm |
| 问题案例图示 | <br>图 1-18 剪刀梯隔墙设置在预制滑动楼梯梯板上，当预制楼梯滑动时，可能会造成隔墙倾覆，出现安全隐患 |
| 参考做法图示 | <br>图 1-19 当楼梯为剪刀梯时，中间隔墙应支撑于不小于 150mm 宽的现浇梁上 |

| 问题 16 | 预制构件与现浇部位连接处未设计抗剪槽或粗糙面 |
| --- | --- |
| 原因分析 | 1. 预制构件深化设计不满足规范相关要求；<br>2. 预制构件生产企业未按要求制作抗剪槽或粗糙面 |
| 影响及后果 | 1. 影响结合面混凝土受力性能，存在结构安全隐患；<br>2. 结合面可能产生收缩裂缝，甚至开裂渗漏；<br>3. 现场需对预制构件进行人工凿毛，费工费时 |
| 规范标准相关规定 | 《装配式混凝土结构技术规程》（JGJ 1-2014）<br>6.5.5　预制构件与后浇混凝土、灌浆料、坐浆料的结合面应设置粗糙面、键槽，并应符合规定。<br>11.3.7　采用后浇混凝土或砂浆、灌浆料连接的预制构件结合面，制作时应按设计要求进行粗糙面处理。设计无具体要求时，可采用化学处理、拉毛或凿毛等方法制作粗糙面 |
| 防治措施 | 1. 应按规范要求设计抗剪键槽或粗糙面；<br>2. 应严格按照预制构件深化图生产预制构件 |
| 问题案例图示 | <br>图 1-20　预制构件与现浇结构连接处未设计抗剪槽、粗糙面 |
| 参考做法图示 | 图 1-21　预制阳台与现浇结构连接梁端面按规范设置抗剪槽、粗糙面 |

| 问题 17 | 预制构件连接节点设计不符合原结构设计要求 |
|---|---|
| 原因分析 | 深化设计人员不熟悉结构设计规范，为方便生产或安装，随意更改结构连接节点 |
| 影响及后果 | 预制构件连接节点不满足设计和规范要求，影响结构安全 |
| 规范标准相关规定 | 《装配式混凝土建筑深化设计技术规程》（DBJ/T 15-155-2019）<br>3.0.3 深化设计应符合国家有关法律法规和工程建设标准的规定，应在装配式混凝土建筑的施工图基础上进行 |
| 防治措施 | 预制构件深化设计应严格按照原设计要求进行，预制构件深化图纸应经原施工图设计单位审核确认 |

## 1.3.2 结构节点设计

| 问题 18 | 预制阳台梁上存在现浇构造柱时，预制阳台未预留插筋 |
|---|---|
| 原因分析 | 设计深化不足或设计疏漏 |
| 影响及后果 | 后期对预制构件凿毛、植筋，施工困难，同时影响结构耐久性 |
| 防治措施 | 设计应考虑预制构件与现浇部位交接关系，预留插筋或预埋连接钢板 |
| 参考做法图示 | 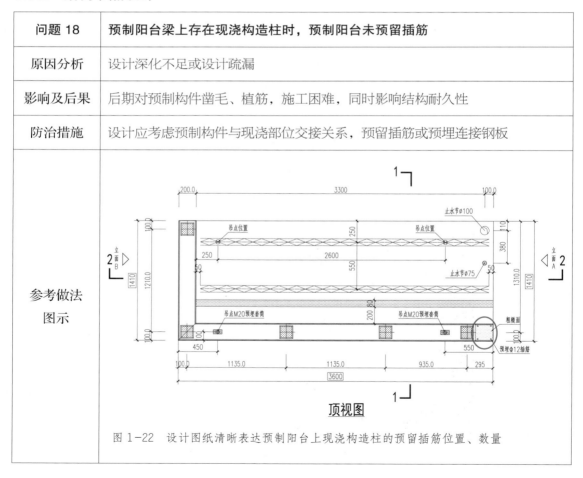<br>图 1-22 设计图纸清晰表达预制阳台上现浇构造柱的预留插筋位置、数量 |

| 问题 19 | 预制构件与现浇梁底面、侧面或现浇墙面未平齐 |
|---|---|
| 原因分析 | 预制构件设计时，未考虑结构整体成型效果、模板配板难度和施工难度 |
| 影响及后果 | 1. 预制构件（如预制凸窗）底部与现浇梁底不平齐，导致模板设计安装困难；<br>2. 工程中常用的铝模板阴角板尺寸最小为 100mm×100mm×4mm，预制构件与现浇梁交接时出现小于 100mm 的错台需单独定制阴角板，模板加固困难、易涨模漏浆，影响工期 |
| 规范标准<br>相关规定 | 《装配式混凝土建筑结构技术规程》（DBJ 15-107-2016）<br>3.0.1　装配式混凝土建筑应采用系统集成的方法统筹设计、生产运输、施工安装，实现全过程的协同。<br>《组合铝合金模板工程技术规程》（JGJ 386-2016）<br>4.1.5　模板配板设计应与主体结构设计、预制构件设计相互协调 |
| 防治措施 | 预制构件设计宜同现浇梁底面平齐，便于模板安装加固 |
| 问题案例<br>图示 | 图 1-23　预制凸窗底部与现浇梁底不平齐，模板设计安装困难 |
| 参考做法<br>图示 | 图 1-24　预制凸窗底部与现浇梁底平齐，方便模板设计安装，结构整体成型简洁、美观 |

| 问题 20 | 叠合楼板未按要求预留模板传料口 |
|---|---|
| 原因分析 | 叠合楼板设计未考虑铝模竖向传递 |
| 影响及后果 | 铝模板无法进行竖向传递，影响铝模拼装效率，费工费时 |
| 规范标准相关规定 | 《装配式混凝土建筑结构技术规程》（DBJ 15-107-2016）<br>3.0.1　装配式混凝土建筑应采用系统集成的方法统筹设计、生产运输、施工安装，实现全过程的协同 |
| 防治措施 | 1.住宅建筑宜按照一个户型预留一个传料口，公共建筑宜按照每100m² 预留一个传料口；<br>2.叠合楼板拼缝 ≥ 300mm 时，宜在拼缝现浇部位设置传料口；叠合楼板拼缝 < 300mm 时，宜在叠合楼板中设置传料口 |
| 参考做法图示 | <br>图 1-25　叠合楼板拼缝 ≥ 300mm，传料口设置于拼缝现浇部位 |

### 1.3.3　预制构件节点设计

| 问题 21 | 预制构件吊点位置设计不合理 |
|---|---|
| 原因分析 | 1. 预制构件吊点设计未经受力验算；<br>2. 预制构件吊点位置未考虑钢筋、预埋件避让、后期操作难易等 |
| 影响及后果 | 预制构件起吊时吊点处混凝土易开裂，导致吊钉（环）被拔出，引发安全事故 |
| 防治措施 | 预制构件吊点位置设计应经受力计算确定，位置距预制构件边缘应满足计算要求 |
| 问题案例<br>图示 | 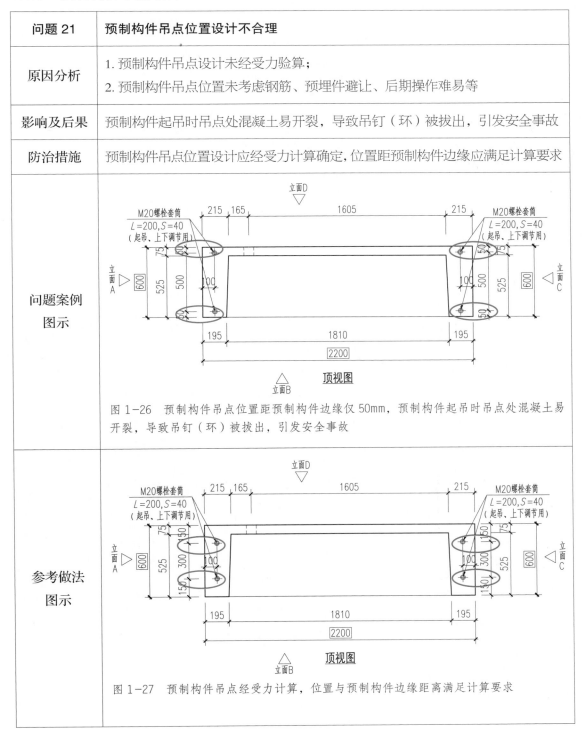<br>图 1-26　预制构件吊点位置距预制构件边缘仅 50mm，预制构件起吊时吊点处混凝土易开裂，导致吊钉（环）被拔出，引发安全事故 |
| 参考做法<br>图示 | 图 1-27　预制构件吊点经受力计算，位置与预制构件边缘距离满足计算要求 |

| 问题 22 | 预埋件位置不合理，导致钢筋保护层厚度不足 |
|---|---|
| 原因分析 | 预制构件在设计预埋件位置时未考虑钢筋排布、钢筋保护层厚度 |
| 影响及后果 | 容易造成钢筋锈蚀，影响预制构件耐久性 |
| 规范标准<br>相关规定 | 《混凝土结构设计规范》（GB 50010-2010）<br>8.2.1 构件中普通钢筋及预应力筋的混凝土保护层应满足下列要求。<br>　　1 构件中受力钢筋的保护层厚度不应小于钢筋的公称直径 $d$ |
| 防治措施 | 预制构件设计应考虑各种预埋件的规格大小，合理布置，预埋件距预制构件边<br>不宜小于 75mm |
| 问题案例<br>图示 | 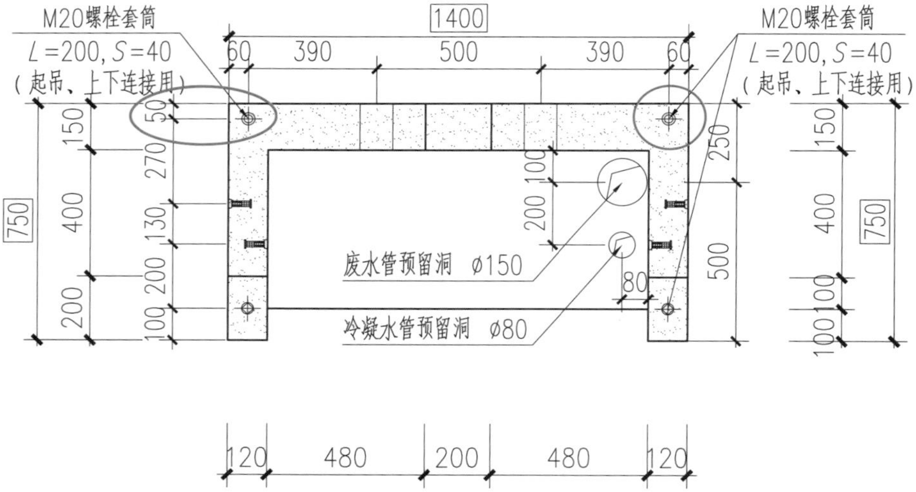 <br>图 1-28 预埋件位置未考虑钢筋排布，距离预制构件边过近，导致钢筋保护层厚度<br>不足 |

# 1.4 机电与装修设计

| 问题 23 | 预制阳台预留立管弯头无法安装 |
| --- | --- |
| 原因分析 | 图纸深化时未考虑预埋地漏与立管实际安装尺寸 |
| 影响及后果 | 现场安装时地漏弯头无法安装，需要重新钻孔进行二次处理，费工费时，影响质量 |
| 规范标准相关规定 | 《装配式混凝土建筑技术标准》（GB/T 51231-2016）<br>7.1.3 装配式混凝土建筑的设备与管线应合理选型，准确定位。<br>7.1.4 装配式混凝土建筑的设备与管线设计应与建筑设计同步进行，预留预埋应满足结构专业相关要求，不得在安装完成后的预制构件上剔凿沟槽、打孔开洞等 |
| 防治措施 | 设计时应充分考虑给排水、电气、暖通等专业预留预埋，并满足其施工安装要求，避免返工处理 |
| 问题案例图示 | 图 1-29 设计图纸预留地漏位置与立管过近，导致现场安装时地漏弯头无法安装，需要重新钻孔进行二次处理 |
| 参考做法图示 | 图 1-30 设计图纸预留地漏位置与立管间距满足施工安装要求 |

| 问题 24 | 叠合板下隔墙有线盒开关，叠合板对应位置未预留孔洞 |
|---|---|
| 原因分析 | 设计未充分考虑叠合板与板下隔墙线管的连接 |
| 影响及后果 | 现场在叠合板上后开洞，费工费时，影响质量 |
| 规范标准<br>相关规定 | 《装配式混凝土结构技术规程》（JGJ 1-2014）<br>5.4.4　预制构件中电气接口及吊挂配件的孔洞、沟槽应根据装修和设备要求预留 |
| 防治措施 | 加强多专业设计提前协同，应充分考虑机电线管连接的预留预埋 |
| 问题案例<br>图示 | 图 1-31　叠合板下隔墙有线盒开关，叠合板对应位置未预留孔洞，现场在叠合板上后凿孔洞，费工费时，影响质量 |
| 参考做法<br>图示 | 图 1-32　叠合板在需要位置预留孔洞，施工方便，无需二次处理 |

| 问题 25 | 预制构件预留线盒未设计接线管 |
|---|---|
| 原因分析 | 预制构件深化设计与机电预留预埋协调不到位 |
| 影响及后果 | 现场需对预制构件重新开槽埋管，费工费时，影响质量 |
| 规范标准相关规定 | 《装配式混凝土建筑技术标准》（GB/T 51231-2016）<br>7.1.4 装配式混凝土建筑的设备与管线设计应与建筑设计同步进行，预留预埋应满足结构专业相关要求，不得在安装完成后的预制构件上剔凿沟槽、打孔开洞等 |
| 防治措施 | 设计时应充分考虑给排水、电气、暖通等专业预留预埋 |
| 问题案例图示 |  图1-33 预制构件预留线盒未设计接线管，现场需对预制构件重新开槽埋管，费工费时，影响质量 |
| 参考做法图示 | <br>图1-34 预制构件预留线盒、接线管设置准确 |

| 问题 26 | 预制构件内预埋管线与钢筋冲突 |
| --- | --- |
| 原因分析 | 预制构件深化设计时未考虑预埋管线与钢筋的相对关系 |
| 影响及后果 | 底部线管无法与预制构件预理线管对接，需二次处理，费工费时，影响质量 |
| 规范标准<br>相关规定 | 《装配式混凝土建筑技术标准》（GB/T 51231-2016）<br>8.1.4　装配式混凝土建筑的内部部品与室内管线应与预制构件的深化设计紧密配合，预留接口位置应准确到位 |
| 防治措施 | 1. 预制构件深化设计时应考虑预埋管线与钢筋的相对关系；<br>2. 调整预制构件预埋管线的走向 |
| 问题案例<br>图示 | <br>图1-35　预制构件预埋管线与钢筋"打架"，导致与底部线管连接困难 |
| 参考做法<br>图示 | <br>图1-36　预制构件预埋管线做法正确，方便施工 |

# 2 预制构件生产与运输

　　预制构件生产是装配式建筑的重要环节，其产品质量直接影响装配式建筑能否顺利实施。预制构件生产前，在确保预制构件设计深度除满足构件结构性能和功能要求的基础上，还应当满足构件生产、吊装运输、现场安装、临时固定以及与现浇结构连接、模板、支撑等施工要求。因此，预制构件生产企业应当提前介入预制构件设计，配合设计单位做好预制构件深化设计，深化设计文件经施工图设计单位确认后才能进行批量化生产。

　　预制构件的生产过程质量管控是预制构件能否满足设计要求的关键环节。一些预制构件生产企业在生产过程中由于时间紧、任务重、管理不当等原因，造成预制构件成品出现质量缺陷，如出现表面色差、蜂窝、麻面、缺棱掉角、尺寸偏差以及预埋预留、粗糙面、外伸钢筋、成品保护等问题，影响了装配式建筑的整体质量。

　　预制构件的运输与堆放也是保证预制构件从出厂检验合格到进场验收合格的重要环节。为确保预制构件顺利安全地从工厂运送至项目现场，预制构件运输前应制定运输方案，并考虑运输及施工工地道路实际情况是否满足要求，如道路限高、承载力、转弯半径等；运输车辆的选取也需要结合预制构件的重量、尺寸、规格、工地情况等予以考虑，如拖挂车、低平板车等；预制构件在车辆上的临时固定绑扎会对预制构件产生次应力，路途颠簸容易磕碰导致构件损坏，甚至车辆转弯时由于重心过高、车速过快而发生倾覆事故。正式运输预制构件前宜进行一次试跑，并做好记录工作。

　　本章针对预制构件生产、运输和堆放过程中遇到的常见问题进行梳理分析，提出相应的防治措施。

## 2.1 外观质量

| 问题 27 | 预制构件混凝土表面污染 |
|---|---|
| 原因分析 | 1. 模具表面脱模剂涂刷不均匀、模具生锈；<br>2. 转运、存放及运输过程中的预制构件保护措施不到位 |
| 影响及后果 | 影响二次涂装，易造成饰面脱落 |
| 规范标准<br>相关规定 | 《装配式混凝土建筑技术标准》（GB/T 51231-2016）<br>9.3.2　模具应具有足够的强度、刚度和整体稳固性，并应符合下列规定：<br>　　5　模具应保持清洁，涂刷脱模剂、表面缓凝剂时应均匀、无漏刷、无堆积，且不得沾污钢筋，不得影响预制构件外观效果 |
| 防治措施 | 1. 宜使用水性脱模剂，严格按规范适量、均匀涂刷脱模剂；<br>2. 保护模具，以防生锈 |
| 问题案例<br>图示 | <br>图 2-1　因模具未清理干净导致预制构件表面被污染，后期二次涂装易造成饰面脱落 |
| 参考做法<br>图示 | <br>图 2-2　预制构件表面干净整洁 |

| 问题 28 | 预制构件与现浇部位连接处粗糙面不符合要求 |
|---|---|
| 原因分析 | 1. 预制构件生产时，结合面未按粗糙面处理；<br>2. 粗糙面工艺未经样板验证；<br>3. 缓凝剂配比不合格 |
| 影响及后果 | 1. 影响结合面混凝土受力性能；<br>2. 需二次处理（对预制构件进行人工凿毛），费工费时，影响质量 |
| 规范标准<br>相关规定 | 《装配式混凝土结构技术规程》（JGJ 1–2014）<br>6.5.5　预制构件与后浇混凝土、灌浆料、坐浆料的结合面应设置粗糙面、键槽，并应符合下列规定：<br>　　1　预制板与后浇混凝土叠合层之间的结合面应设置粗糙面。<br>　　2　预制梁与后浇混凝土叠合层之间的结合面应设置粗糙面；预制梁端面应设置键槽（图 6.5.5）且宜设置粗糙面。键槽的尺寸和数量应按本规程第 7.2.2 条的规定计算确定；键槽的深度 $t$ 不宜小于 30mm，宽度 $W$ 不宜小于深度的 3 倍且不宜大于深度的 10 倍；键槽可贯通截面，当不贯通时槽口距离截面边缘不宜小于 50mm；键槽间距宜等于键槽宽度；键槽端部斜面倾角不宜大于 30°。<br>　　3　预制剪力墙的顶部和底部与后浇混凝土的结合面应设置粗糙面；侧面与后浇混凝土的结合面应设置粗糙面，也可设置键槽；键槽深度 $t$ 不宜小于 20mm，宽度 $W$ 不宜小于深度的 3 倍且不宜大于深度的 10 倍，键槽间距宜等于键槽宽度，键槽端部斜面倾角不宜大于 30°。<br>　　4　预制柱的底部应设置键槽且宜设置粗糙面，键槽应均匀布置，键槽深度不宜小于 30mm，键槽端部斜面倾角不宜大于 30°。柱顶应设置粗糙面。<br>　　5　粗糙面的面积不宜小于结合面的 80%，预制板的粗糙面凹凸深度不应小于 4mm，预制梁端、预制柱端、预制墙端的粗糙面凹凸深度不应小于 6mm（图略） |
| 防治措施 | 1. 预制构件生产应严格按照设计要求处理粗糙面；<br>2. 粗糙面制作工艺宜先进行样板验证；<br>3. 严格控制缓凝剂配合比、涂刷工艺及粗糙面操作流程 |

| | |
|---|---|
| 问题案例<br>图示 | 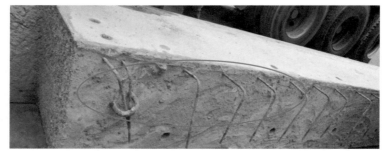<br>图 2-3　预制构件粗糙面未按规范要求制作，浮浆过多，粗糙面凹凸<br>深度不足6mm |
| 参考做法<br>图示 | <br>图 2-4　预制构件粗糙面满足规范要求 |

| 问题 29 | 预制构件缺棱掉角 |
|---|---|
| 原因分析 | 1. 脱模过早，造成混凝土边角随模具拆除破损；<br>2. 未合理设计拆模坡度，拆模操作不当，边角受外力撞击破损；<br>3. 模具边角杂物未清理干净，未涂刷脱模剂或涂刷不均匀、涂刷缓凝剂后缓凝剂未干燥，影响混凝土凝固，洗水时损坏；<br>4. 预制构件成品在起吊、存放、运输等过程中受外力或重物撞击破损 |
| 影响及后果 | 预制构件缺棱掉角，需二次处理，费工费时，影响质量 |
| 规范标准相关规定 | 《装配式混凝土建筑技术标准》（GB/T 51231-2016）<br>11.2.3 预制构件的混凝土外观质量不应有严重缺陷，且不应有影响结构性能和安装、使用功能的尺寸偏差 |
| 防治措施 | 1. 预制构件生产达到规定的龄期和强度后方可拆模；<br>2. 预制构件生产企业应根据预制构件类型合理设计脱模方式及脱模坡度，拆模时注意保护棱角，避免用力过猛；<br>3. 模具边角位置要清理干净，不得粘有杂物，脱模剂涂刷均匀，涂刷缓凝剂后需等待缓凝剂干燥；<br>4. 预制构件生产企业应加强预制构件的成品保护措施，也可与设计单位沟通协调，将阴阳角采用倒角或圆角设计 |
| 问题案例图示 |  <br>图 2-5 预制构件角部破损严重，修补困难 |
| 参考做法图示 |  <br>图 2-6 预制构件外观质量达到要求，不存在缺棱掉角 |

| 问题 30 | 预制构件开裂 |
|---|---|
| 原因分析 | 1. 预制构件吊点设计未充分考虑制作、运输和安装等不同工况的受力验算，未合理配置钢筋；<br>2. 预制构件吊运方式或吊具选用不当，与设计受力状态不符；<br>3. 混凝土强度不达标过早起吊，或预制构件堆放不合理；<br>4. 堆放、运输过程中保护措施不规范 |
| 影响及后果 | 1. 影响预制构件的使用寿命；<br>2. 预制构件出现渗漏情况，影响建筑使用功能 |
| 规范标准相关规定 | 《装配式混凝土建筑技术标准》（GB/T 51231-2016）<br>9.8.1　预制构件吊运应符合下列规定：<br>　　1　应根据预制构件的形状、尺寸、重量和作业半径等要求选择吊具和起重设备，所采用的吊具和起重设备及其操作，应符合国家现行有关标准及产品应用技术手册的规定；<br>　　2　吊点数量、位置应经计算确定，应保证吊具连接可靠，应采取保证起重设备的主钩位置、吊具及构件重心在竖直方向上重合的措施；<br>　　3　吊索水平夹角不宜小于60°，不应小于45°；<br>9.8.4　预制构件在运输过程中应做好安全和成品防护，并应符合下列规定：<br>　　1　应根据预制构件种类采取可靠的固定措施。<br>　　2　对于超高、超宽、形状特殊的大型预制构件的运输和存放应制定专门的质量安全保证措施。<br>《装配式混凝土结构技术规程》（JGJ 1-2014）<br>11.3.6　脱模起吊时，预制构件的混凝土立方体抗压强度应满足设计要求，且不应小于15MPa |
| 防治措施 | 1. 预制构件吊点设计应充分考虑预制构件制作、运输和安装等不同工况下受力，合理配置钢筋；<br>2. 选择符合设计的吊运方式及吊装吊具，保障吊具受力状态与设计一致；<br>3. 预制构件生产达到规定的龄期和强度后，方可拆模起吊；<br>4. 按规范进行预制构件堆放及运输 |

| | |
|---|---|
| 问题案例图示 | 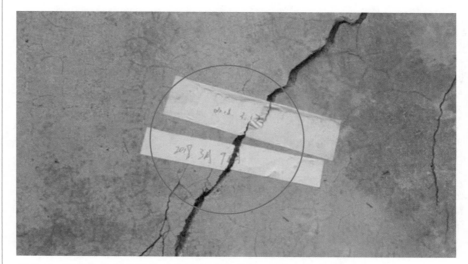<br>图 2-7　预制构件因不规范吊装导致开裂严重，造成预制构件报废 |
| 参考做法图示 | <br>图 2-8　预制构件达到起吊强度后采用专用吊具吊装 |

| 问题 31 | 预制构件外露钢筋变形 |
|---|---|
| 原因分析 | 1. 预制构件外露钢筋过长影响运输，装车前对钢筋进行折弯；<br>2. 预制构件生产时拆模困难，弯折钢筋 |
| 影响及后果 | 现场需要对钢筋进行二次处理，费工费时，影响质量 |
| 规范标准<br>相关规定 | 《装配式混凝土建筑技术标准》（GB/T 51231-2016）<br>9.8.3 预制构件成品保护应符合下列规定：<br>　　1 预制构件成品外露保温板应采取防止开裂措施，外露钢筋应采取防弯折措施，外露预埋件和连结件等外露金属件应按不同环境类别进行防护或防腐、防锈 |
| 防治措施 | 预制构件生产企业可与设计、施工单位沟通协调改进设计，调整外露钢筋长度、出筋方式，以满足生产、运输、安装要求 |
| 问题案例<br>图示 | <br>图 2-9 预制构件设计时外露钢筋过长，且均为"开口箍"方式，预制构件生产、运输、安装过程中钢筋易被随意弯折变形 |
| 参考做法<br>图示 | <br>图 2-10 预制构件外露钢筋长度、出筋方式满足生产、运输、安装要求 |

## 2.2　尺寸偏差

| 问题 32 | 预制构件截面尺寸偏差较大 |
|---|---|
| 原因分析 | 预制构件生产过程中模具未按要求定期校核、验收 |
| 影响及后果 | 预制构件尺寸偏差过大，模板安装困难，影响施工 |
| 规范标准<br>相关规定 | 《装配式混凝土建筑技术标准》（GB/T 51231−2016）<br>9.3.3　除设计有特殊要求外，预制构件模具尺寸偏差和检验方法应符合表 9.3.3 的规定。（表略）<br>《装配式混凝土结构技术规程》（JGJ 1−2014）<br>11.4.2　预制构件的允许尺寸偏差及检验方法应符合表 11.4.2 的规定。（表略） |
| 防治措施 | 预制构件生产企业应严格按照规范要求对模具定期校核、检查验收 |
| 问题案例<br>图示 | <br>图 2-11　预制构件阴角部位尺寸偏差不满足规范要求 |
| 参考做法<br>图示 | <br>图 2-12　对模具平整度、间距进行检查、调校<br><br>图 2-13　对模具角部进行检查 |

| 问题 33 | 预制构件平整度不合格 |
|---|---|
| 原因分析 | 1. 模具平整度不合格，未定期校核；<br>2. 预制构件表面收光时平整度不合格 |
| 影响及后果 | 需对预制构件进行二次处理，费工费时，影响质量 |
| 规范标准<br>相关规定 | 《装配式混凝土建筑技术标准》（GB/T 51231-2016）<br>9.7.4　预制构件尺寸偏差及预留孔、预留洞、预埋件、预留插筋、键槽的位置<br>和检验方法应符合表 9.7.4-1 ～ 表 9.7.4-4 的规定。（表略）<br>《装配式混凝土结构技术规程》（JGJ 1-2014）<br>11.4.2　预制构件的允许尺寸偏差及检验方法应符合表 11.4.2 的规定。（表略） |
| 防治措施 | 1. 加强对模具的定期校核；<br>2. 加强混凝土表面收光工序的平整度控制，严格执行出厂检验制度 |
| 问题案例<br>图示 | <br>图 2-14　预制构件表面平整度不符合要求 |
| 参考做法<br>图示 | <br>图 2-15　定期对模具平整度进行检查、调校 |

| 问题 34 | 预制构件钢筋定位不准、钢筋保护层不合格 |
|---|---|
| 原因分析 | 预制构件生产时钢筋加工尺寸不合格或钢筋定位措施不牢靠 |
| 影响及后果 | 钢筋保护层不够时钢筋易锈蚀，混凝土易开裂，影响预制构件耐久性 |
| 规范标准相关规定 | 《装配式混凝土结构技术规程》（JGJ 1—2014）<br><br>11.3.1　在混凝土浇筑前应进行预制构件的隐蔽工程检查，检查项目应包括下列内容：<br><br>　　1　钢筋的牌号、规格、数量、位置、间距等；<br><br>《混凝土结构设计规范》（GB 50010—2010）<br><br>8.2.1　构件中普通钢筋及预应力筋的混凝土保护层厚度应满足下列要求：<br><br>　　1　构件中受力钢筋的保护层厚度不应小于钢筋的公称直径 $d$ |
| 防治措施 | 预制构件生产过程中加强钢筋加工、绑扎安装、钢筋定位、保护层措施的质量管控（如设置钢筋限位器等措施） |
| 问题案例图示 | <br>图 2-16　预制构件钢筋间距定位不准、钢筋保护层不合格 |
| 参考做法图示 | 图 2-17　钢筋定位措施牢靠、间距规整 |

| 问题 35 | 叠合板桁架筋制作、定位不规范 |
|---|---|
| 原因分析 | 1. 预制构件生产企业未严格按设计图纸进行钢筋下料、绑扎和制作桁架筋；<br>2. 预制构件生产企业管理不当，未在生产时对桁架钢筋高度进行有效控制或安装定位不准确；<br>3. 预制构件生产企业未严格按照规范要求振捣混凝土（如振捣棒碰触钢筋骨架，导致钢筋位移） |
| 影响及后果 | 影响水电线管、板面钢筋铺设，造成钢筋保护层不足、楼板超厚等问题 |
| 规范标准<br>相关规定 | 《装配式混凝土结构技术规程》（JGJ 1-2014）<br>6.6.7　桁架钢筋混凝土叠合板应满足下列要求：<br>　　3　桁架钢筋弦杆钢筋直径不宜小于 8mm，腹杆钢筋直径不应小于 4mm；<br>　　4　桁架钢筋弦杆混凝土保护层厚度不应小于 15mm。<br>《混凝土结构设计规范》（GB 50010-2010）<br>8.2.1　构件中普通钢筋及预应力筋的混凝土保护层厚度应满足下列要求：<br>　　1　构件中受力钢筋的保护层厚度不应小于钢筋的公称直径 $d$ |
| 防治措施 | 1. 预制构件生产企业应严格按设计图纸进行钢筋下料，必要时应采取工装固定措施确保桁架钢筋位置；<br>2. 制作桁架筋宜采用自动化设备进行加工，用一根完整钢筋进行弯折并确保桁架筋弦杆和腹杆焊接牢固 |
| 问题案例<br>图示 | <br>图 2-18　预制构件生产企业未按规范制作桁架筋，桁架钢筋高度未进行有效控制导致桁架筋断裂，高度不符合要求 |

参考做法
图示

图 2-19　桁架筋采用专业自动化桁架机制作

图 2-20　叠合板桁架钢筋制作精良、高度符合要求

## 2.3 预留预埋

| 问题 36 | 预制构件吊点埋件断裂、脱落 |
|---|---|
| 原因分析 | 1. 预制构件生产企业未严格按照规范要求进行安装吊钉尺寸规格、位置的确定；<br>2. 预制构件生产企业未使用符合国家相关规范要求的吊点埋件、吊具 |
| 影响及后果 | 1. 预制构件吊装发生坠落事故，造成人员和财产损失；<br>2. 预制构件报废处理，耽误工程进度 |
| 规范标准相关规定 | 《装配式混凝土建筑技术标准》（GB/T 51231-2016）<br>9.8.1　预制构件吊运应符合下列规定：<br>　　1　应根据预制构件的形状、尺寸、重量和作业半径等要求选择吊具和起重设备，所采用的吊具和起重设备及其操作，应符合国家现行有关标准及产品应用技术手册的规定；<br>　　2　吊点数量、位置应经计算确定，应保证吊具连接可靠，应采取保证起重设备的主钩位置、吊具及构件重心在竖直方向上重合的措施 |
| 防治措施 | 1. 设计单位经计算确定吊点位置，应根据专用预埋吊件（如各种吊钉）产品使用说明书中的承载力明确预埋数量、方式和构造要求，产品使用应有检测报告；<br>2. 预制构件生产企业应严格按设计文件和规范要求预埋吊件，过程中严格检查、验收，并在吊运时根据预制构件类型采用专用吊具 |
| 问题案例图示 | <br>图 2-21　吊点位置不合理，预埋吊钉不符合规范要求，起吊时吊钉被拔出，预制构件坠落，报废处理 |
| 参考做法图示 | 图 2-22　吊点埋件质量、预埋深度、吊点位置钢筋加固符合要求 |

| 问题 37 | 预制构件预埋线盒变形或偏位 |
|---|---|
| 原因分析 | 1. 预制构件生产时预埋件未加设固定措施；<br>2. 混凝土浇筑时振捣棒碰撞移位；<br>3. 叠合楼板、阳台在进行现浇结构钢筋绑扎时，材料乱堆放或工人随意踩踏 |
| 影响及后果 | 影响后期管线安装施工，需要二次处理，费工费时，影响质量 |
| 规范标准<br>相关规定 | 《装配式混凝土建筑技术标准》（GB/T 51231-2016）<br>9.6.1 浇筑混凝土前应进行钢筋、预应力的隐蔽工程检查。隐蔽工程检查项目应包括：<br>　　6 预埋线盒和管线的规格、数量、位置及固定措施。<br>9.6.8 混凝土振捣应符合下列规定：<br>　　2 当采用振捣棒时，混凝土振捣过程中不应碰触钢筋骨架、面砖和预埋件。<br>　　3 混凝土振捣过程中应随时检查模具有无漏浆、变形或预埋件有无移位等现象 |
| 防治措施 | 1. 采取可靠的工装措施，确保预埋件固定点位牢靠，并在浇筑前做好验收复核；<br>2. 做好成品保护措施，如线盒出厂前填塞泡沫块；<br>3. 加强成品保护理念，材料堆放及施工过程中做好保护工作（将损坏的线盒凿除替换并加塞泡沫块） |
| 问题案例<br>图示 | <br>图 2-23 预制构件预埋线盒固定措施不当，造成振捣混凝土时偏位、变形 |
| 参考做法<br>图示 | <br>图 2-24 预制构件预埋线盒固定措施牢靠、线盒出厂前填塞泡沫块做成品保护 |

| 问题 38 | 预制构件上预埋线管口、注浆孔被异物堵塞 |
|---|---|
| 原因分析 | 1. 预制构件生产时未及时进行预埋件成品保护，造成异物进入埋件后堵塞；<br>2. 预制构件模具漏浆，浆料堵塞预留孔 |
| 影响及后果 | 预埋件孔洞被堵塞，清理困难，影响现场安装或导致预制构件报废 |
| 规范标准<br>相关规定 | 《装配式混凝土建筑技术标准》（GB/T 51231-2016）<br>9.8.3　预制构件成品保护应符合下列规定：<br>　　3　钢筋连接套筒、预埋孔洞应采取防止堵塞的临时封堵措施；<br>　　4　露骨料粗糙面冲洗完成后应对灌浆套筒的灌浆孔和出浆孔进行透光检查，并清理灌浆套筒内的杂物 |
| 防治措施 | 1. 预制构件设计时应标明预留套管材质、外径及壁厚，同时写明防堵保护措施，预制构件生产时应及时对预埋孔洞进行临时封堵( 如采用 PE 棒进行封堵保护)；<br>2. 线管端口应做封堵措施并检查合格后方可浇筑混凝土，浇筑时避免损坏线管（对已封堵的管线应凿除替换堵塞的管线） |
| 问题案例<br>图示 | <br>图 2-25　预制构件生产时未及时对线管口进行保护，造成线管口堵塞 |
| 参考做法<br>图示 | <br>图 2-26　预制构件预埋件孔采用 PE 棒进行封堵保护，后期取出 |

| 问题 39 | 预制构件外露预埋件锈蚀 |
|---|---|
| 原因分析 | 预制构件生产企业出厂时未按要求对预制构件进行成品保护 |
| 影响及后果 | 影响预制构件正常使用，影响结构安全 |
| 规范标准<br>相关规定 | 《装配式混凝土建筑技术标准》（GB/T 51231-2016）<br><br>9.8.3　预制构件成品保护应符合下列规定：<br><br>　　1　预制构件成品外露保温板应采取防止开裂措施，外露钢筋应采取防弯折措施，外露预埋件和连结件等外露金属件应按不同环境类别进行防护或防腐、防锈。<br><br>《装配式混凝土结构技术规程》（JGJ 1-2014）<br><br>6.1.13　预埋件和连接件等外露金属件应按不同环境类别进行封闭或防腐、防锈、防火处理，并应符合耐久性要求 |
| 防治措施 | 严格执行预制构件入库和出厂检验制度，对外露的预埋件进行必要的防腐、防锈处理（例如对后期无焊接施工的预埋钢板采用镀锌处理） |
| 问题案例<br>图示 | <br>图 2-27　预制构件外露金属件未进行防腐、防锈处理，预埋件锈蚀，需二次处理，后期使用存在"反锈"风险 |
| 参考做法<br>图示 | <br>图 2-28　预制构件预埋金属件采用镀锌处理 |

| 问题 40 | 预制构件与铝模拉杆连接的预埋套筒脱落 |
|---|---|
| 原因分析 | 1. 预制构件内预埋套筒位置偏差，与模板加固件连接受力出现偏斜，导致套管崩出；<br>2. 预制构件预埋套筒预埋深度不足或套筒埋件型号错误；<br>3. 预制构件预埋套筒内端未插入锚固钢筋防止脱落；<br>4. 预制构件混凝土振捣不均匀、强度不足 |
| 影响及后果 | 铝模背楞与预制构件加固不牢，套筒被拔出，造成预制构件偏位、漏浆等质量问题 |
| 规范标准<br>相关规定 | 《组合铝合金模板工程技术规程》（JGJ 386-2016）<br>4.1.5　模板配板设计应与主体结构设计、预制构件设计相互协调 |
| 防治措施 | 1. 深化集成设计，各参与单位（预制构件生产企业、铝模厂家）应充分考虑铝模背楞和预制构件加固拉紧等安装位置关系；<br>2. 预制构件套筒应做拉拔力测试，有效螺纹深度宜 ≥ 25mm；<br>3. 加强预制构件生产的隐蔽验收工作，重点复测预埋套筒的拉拔力 |
| 问题案例<br>图示 | <br>图 2-29　预制构件预埋套筒深度不足、加固措施不牢靠，受力时被拔出 |
| 参考做法<br>图示 | <br>图 2-30　预制构件预埋套质量、型号符合规范要求，加固措施牢固 |

## 2.4　灌浆套筒预留预埋

| 问题 41 | 预制构件表面灌浆管口、出浆管口错乱 |
|---|---|
| 原因分析 | 1. 预制构件生产时因振捣导致灌浆管口、出浆管口产生错位；<br>2. 套筒设计过密，导致局部灌浆管孔、出浆管孔过于集中 |
| 影响及后果 | 1. 灌浆操作时无法准确确定灌浆孔位置，错误地从出浆孔灌浆导致灌浆不满；<br>2. 预制构件表面出浆管口低于套筒本身的出浆口，导致连接管道内的灌浆料无法对套筒内形成有效回补 |
| 规范标准<br>相关规定 | 《钢筋套筒灌浆连接应用技术规程》（JGJ 355–2015）<br>6.2.1　预制构件钢筋及灌浆套筒的安装应符合下列规定：<br>　　　3　与灌浆套筒连接的灌浆管、出浆管应定位准确、安装稳固 |
| 防治措施 | 1. 采用正打工艺施工时，提前在底模上划线确定灌浆管口和出浆管口的位置，采用有效的措施固定灌浆管和出浆管；<br>2. 提前设计好灌浆管口和出浆管口的位置，预制构件生产时按图纸施工，严禁随意布置 |
| 问题案例<br>图示 | <br>图 2-31　预制构件生产时与套筒连接的灌浆管、出浆管绑扎不牢，振捣混凝土时易造成错位、混乱<br><br>图 2-32　预制构件套筒设计过密、套管加固不牢，振捣混凝土时因碰撞等原因导致灌浆管口、出浆管口产生错位，成型后管口混乱 |

| 参考做法图示 | 图 2-33 预制构件生产时与套筒连接的灌浆管、出浆管材质选用符合要求，绑扎牢靠<br><br>图 2-34 预制构件套筒设计合理、套管加固牢靠，成型后管口整齐 |

| 问题 42 | 预制构件内灌浆套筒灌浆管口、出浆管口堵塞 |
|---|---|
| 原因分析 | 1. 预制构件生产时，套筒底部未采取有效的固定措施，导致套筒底部漏浆；<br>2. 预制构件生产时，套筒灌浆口、出浆口配套套管进浆；<br>3. 套筒灌浆口、出浆口配套套管选用不当，导致弯折后内部空腔过窄；<br>4. 全灌浆套筒钢筋固定端未采取有效堵漏措施 |
| 影响及后果 | 导致套筒锚固钢筋无法锚入或无法灌浆，影响结构安全 |
| 规范标准相关规定 | 《钢筋套筒灌浆连接应用技术规程》（JGJ 355-2015）<br>6.2.1　预制构件钢筋及灌浆套筒的安装应符合下列规定：<br>　　　4　应采取防止混凝土浇筑时向灌浆套筒内漏浆的封堵措施。<br>6.2.6　预制构件出厂前，应对灌浆套筒的灌浆孔和出浆孔进行透光检查，并清理灌浆套筒内的杂物 |
| 防治措施 | 1. 预制构件生产时使用与套筒配套的底部固定工装进行定位；<br>2. 套筒灌浆口、出浆口使用与套筒配套的 PVC 管或波纹管连接；<br>3. 全灌浆套筒钢筋固定端使用与套筒配套的专用胶塞；<br>4. 混凝土浇筑前，应严格检查灌浆套筒固定措施、连接措施、封堵措施是否到位 |
| 问题案例图示 |  <br>图 2-35　预制构件套筒灌浆口、出浆口配套套管封堵措施不符合要求，易进浆被封堵 　　图 2-36　预制构件灌浆套筒钢筋固定端未采取有效封堵，易进浆被封堵 |

参考做法
图示

图 2-37 预制构件套筒灌浆口、出浆口封堵措施严格

图 2-38 预制构件灌浆套筒钢筋固定端使用与套筒配套的专用
胶塞封堵

| 问题 43 | 预制构件中预埋灌浆套筒偏位 |
|---|---|
| 原因分析 | 1. 预制构件生产时，套筒尾部未采取有效的固定措施；<br>2. 预制构件生产时，混凝土振捣导致套筒偏位 |
| 影响及后果 | 1. 套筒偏位超过允许偏差，导致预制构件无法安装；<br>2. 套筒偏位超过允许范围，导致套筒保护层厚度不够，影响接头质量 |
| 规范标准<br>相关规定 | 《混凝土结构工程施工质量验收规范》（GB 50204-2015）<br>第 9.2.7 条中规定：预制构件预埋套筒允许偏差为 2mm |
| 防治措施 | 1. 预制构件生产时采用与套筒匹配的定位工装进行固定；<br>2. 混凝土振捣时应避免振捣棒直接接触套筒 |
| 问题案例<br>图示 |  图 2-39 预制构件生产时套筒尾部未采取有效的固定措施，振捣时易导致套筒偏位，影响钢筋接头质量或导致无法安装 |
| 参考做法<br>图示 | 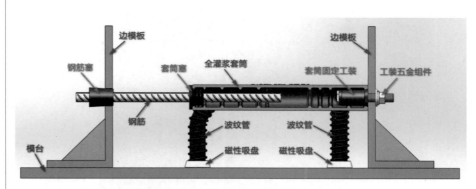 图 2-40 预制构件套筒定位准确，采取有效的固定措施避免偏位 |

| 问题 44 | 半灌浆套筒螺纹接头不满足要求 |
|---|---|
| 原因分析 | 1.未使用规定的钢筋切断机器；<br>2.钢筋丝头螺纹的长度过长，导致螺纹外露过多；<br>3.钢筋丝头螺纹与套筒螺纹不匹配 |
| 影响及后果 | 影响套筒螺纹连接端的有效连接长度，影响结构安全 |
| 规范标准<br>相关规定 | 《钢筋机械连接技术规程》（JGJ 107-2016）<br>6.2.1　直螺纹钢筋丝头加工应符合下列规定：<br>　　1　钢筋端部应采用带锯、砂轮锯或带圆弧刀片的专用钢筋切断机切平；<br>　　3　钢筋丝头长度应满足产品设计要求，极限偏差应为 $0 \sim 2.0p$ |
| 防治措施 | 1.选择合适的切断机器进行钢筋切断；<br>2.严格按灌浆套筒厂家的螺纹参数进行螺纹加工 |
| 问题案例<br>图示 |  <br>图 2-41　半灌浆套筒螺纹接头未使用规定的钢筋切断机器切割，导致接头不符合要求 |
| 参考做法<br>图示 |  <br>图 2-42　半灌浆套筒螺纹接头使用规定的钢筋切断机器切割，钢筋丝头长度满足产品设计要求，端头平齐 |

## 2.5　构件标识

| 问题 45 | 预制构件标识位置不合理 |
|---|---|
| 原因分析 | 预制构件生产企业未严格按规范要求进行标识标注 |
| 影响及后果 | 预制构件安装时无法正常查看预制构件基本信息，影响安装及后期检查 |
| 规范标准相关规定 | 《预制混凝土构件产品标识标准》（T/BIAS 3-2019）<br>3.0.6　构件标识样式应符合下列规定：<br>　　　3　应位置显著，便于读取 |
| 防治措施 | 预制构件的标识应设置在可见、显著位置，宜优先设置在室内面 |
| 问题案例图示 |  图 2-43　预制构件产品信息标识在外侧，安装后无法查看预制构件信息 |
| 参考做法图示 |  图 2-44　预制构件产品信息标识在内侧显著位置，安装后可查看预制构件信息 |

| 问题 46 | 叠合板未做起吊吊点标识 |
|---|---|
| 原因分析 | 预制构件生产企业未严格按设计要求标识吊点位置 |
| 影响及后果 | 吊装安装时吊具无法识别吊点位置，容易导致叠合板开裂 |
| 规范标准<br>相关规定 | 《桁架钢筋混凝土叠合板（60mm 厚底板）》（15G366-1）<br>图集第 67 页明确说明叠合板应用符号（如"▲"）标记吊点位置 |
| 防治措施 | 预制构件生产企业严格按图纸施工，对吊点位置进行标识 |
| 问题案例<br>图示 | 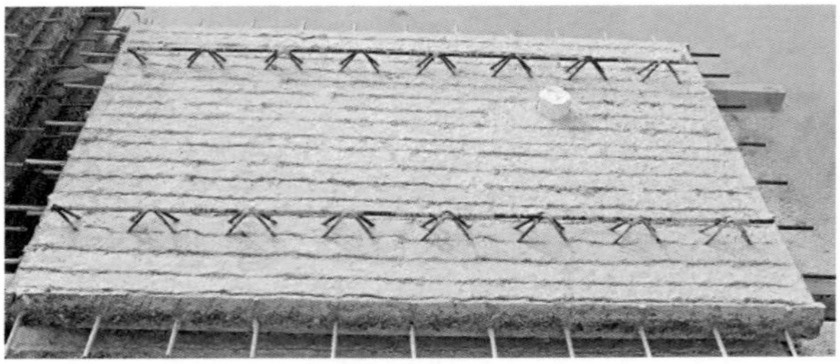 图 2-45 叠合板未按设计要求标识吊点位置，吊装时工人选取吊点随意，易导致叠合板开裂 |
| 参考做法<br>图示 | 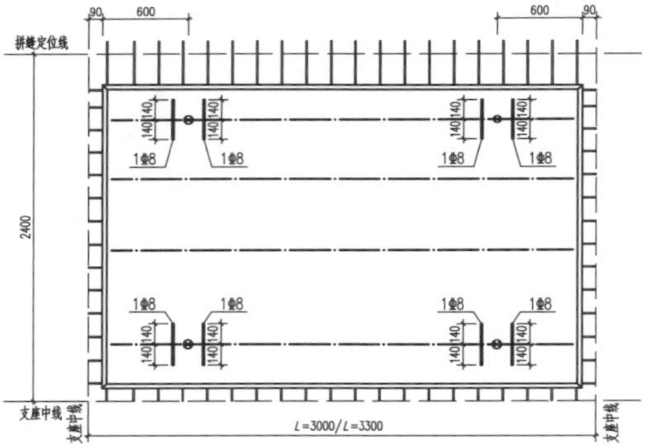 <br>宽2400双向板吊点位置平面示意图 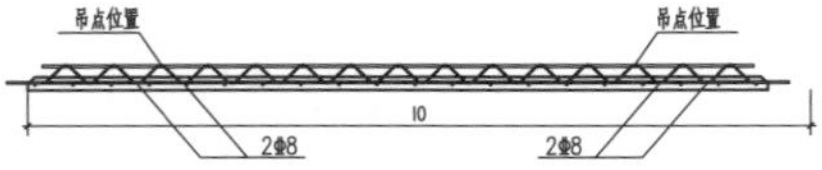<br><br>吊点位置侧面示意图<br>图 2-46 叠合板设计时标明吊点位置 <br><br>图 2-47 采用涂刷红漆或绑扎铁丝做吊点标记 |

| 问题 47 | 叠合板未做安装方向标识 |
|---|---|
| 原因分析 | 预制构件设计、生产时遗漏安装方向标识 |
| 影响及后果 | 叠合板安装错误，影响进度、质量 |
| 防治措施 | 预制构件深化设计、生产时应考虑安装方向标识 |
| 问题案例<br>图示 | <br>图 2-48　叠合板未做安装方向标识，易导致安装错误 |
| 参考做法<br>图示 | <br>图 2-49　采用喷涂箭头方式做叠合板安装方向标识，方便安装 |

## 2.6 构件运输

| 问题 48 | 预制构件运输过程中移动、倾覆、变形 |
|---|---|
| 原因分析 | 1. 预制构件装车未严格按规范执行（未设有保护与固定措施）；<br>2. 预制构件存放架存在设计缺陷或制作不合格 |
| 影响及后果 | 预制构件在运输过程中发生损坏 |
| 规范标准<br>相关规定 | 《装配式混凝土建筑技术标准》（GB/T 51231-2016）<br>9.8.4 预制构件在运输过程中应做好安全和成品防护，并应符合下列规定：<br>　　4 应根据构件特点采用不同的运输方式，托架、靠放架、插放架应进行专门设计，进行强度、稳定性和刚度验算：<br>　　　　2）采用靠放架立式运输时，构件与地面倾斜角度宜大于80°，构件应对称靠放，每侧不大于2层，构件层间上部采用木垫块隔离。<br>《装配式混凝土结构技术规程》（JGJ 1-2014）<br>11.5.2 预制构件的运输车辆应满足构件尺寸和载重要求，装卸与运输时应符合下列规定：<br>　　1 装卸构件时，应采取保证车体平衡的措施；<br>　　2 运输构件时，应采取防止构件移动、倾倒、变形等的固定措施 |
| 防治措施 | 1. 预制构件生产企业严格按照规范要求进行装车工序及运输保护措施（如装车时先在车厢底板铺设两根 100mm × 100mm 的通长木枋，木枋上垫 15mm 以上的硬橡胶垫或其他柔性垫，根据外墙板尺寸用槽钢制作人字形支撑架）；<br>2. 预制构件生产企业严格选用符合规范要求的运输座架；<br>3. 支架两侧的凸窗顶部应利用窗洞口、伸出钢筋或预留螺栓孔等设置水平拉接或其他固定措施，防止预制构件倾倒 |

| | |
|---|---|
| 问题案例<br>图示 | <br>图 2-50 预制构件运输时，未设置绑带绑扎牢固，运输车在转弯或紧急情况下可能造成预制构件移动、倾倒、变形 |
| 参考做法<br>图示 | <br>图 2-51 预制构件运输采用专用托架，设置绑带绑扎牢固，防止运输时预制构件移动、倾倒、变形 |

| 问题 49 | 预制构件运输过程中破损 |
|---|---|
| 原因分析 | 预制构件运输时未采用有效的柔性保护措施 |
| 影响及后果 | 装车、运输、起吊的过程中，造成预制构件边角磕碰损坏 |
| 规范标准相关规定 | 《装配式混凝土建筑技术标准》（GB/T 51231-2016）<br><br>9.8.4 预制构件在运输过程中应做好安全和成品防护，并应符合下列规定：<br><br>　　3 运输时宜采取如下防护措施：<br><br>　　　　1）设置柔性垫片避免预制构件边角部位或链索接触处的混凝土损伤；<br><br>　　　　2）用塑料薄膜包裹垫块避免预制构件外观污染；<br><br>　　　　5）装箱运输时，箱内四周采用木材或柔性垫片填实，支撑牢固。<br><br>《装配式混凝土结构技术规程》（JGJ 1-2014）<br><br>11.5.2 预制构件的运输车辆应满足构件尺寸和载重要求，装卸与运输时应符合下列规定：<br><br>　　3 运输构件时，应采取防止构件损坏的措施，对构件边角部或锁链接触处的混凝土，宜设置保护衬垫 |
| 防治措施 | 预制构件生产企业严格选用符合规范要求的座架及采用柔性防护措施（支撑钢架应设置橡胶垫、垫木、EVA 或 XPS 板等柔性材料） |
| 问题案例图示 | <br>图 2-52 运输时预制构件直接放置在专用钢托架上，未采用有效的柔性保护措施，造成预制构件边角磕碰损坏 |
| 参考做法图示 | <br>图 2-53 运输时预制构件与专用钢托架间采用柔性保护措施 |

# 3 预制构件施工安装

装配式建筑施工安装前，应针对项目特点，进行装配式建筑施工专项方案的详细策划和设计，包括平面布置、道路和场内水平运输、垂直运输、进场检验、临时堆放、吊车承载能力、施工顺序、现浇预埋尺寸控制与定位措施、预制构件安装就位测量调校、临时固定、钢筋连接、模板、支撑及爬架的搭接连接等方面，都要经过周密筹划、精心组织，编制出切实可行的专项方案和施工组织设计文件，确保装配式建筑施工顺利进行。

装配式混凝土建筑的施工安装与传统现浇混凝土建筑有很大不同，因此，从事装配式建筑施工的现场作业人员和技术管理人员均应经过专业的培训后持证上岗，每道工序均应按设计文件与专项方案的要求进行作业交底，严格按规范要求施工、检查、交接验收和成品、半成品保护。

在进行竖向结构构件安装时，质量控制重点是竖向结构构件连接节点的施工质量，深圳目前没有强制要求项目必须采用竖向结构构件，但为让读者了解此部分内容，在此一并予以说明。钢筋套筒灌浆连接施工过程的控制措施包括：①做好结合部位预留锚固钢筋的定位；②严格控制现浇层楼面标高；③选择合格的与灌浆套筒相匹配的灌浆料；④严格执行灌浆料、坐浆料施工过程质量检验检测制度；⑤采用方便观察且有补浆功能的透明工具等。全过程监理旁站监督和检验验收工作包括：①质量检验人员做好全过程的质量检查记录；②现场制作平行检验试件进行见证送检；③拍摄可追溯的全过程施工影像资料；④委托第三方检测机构对灌浆套筒连接接头的实体质量进行检测。

在水平构件安装时，质量控制的重点是支撑体系强度、稳定性和连接节点的施工质量。施工过程中，应加强对预制构件支撑体系、预制构件与现浇部位接缝、预留安装孔、预埋吊件、插筋、接缝构造钢筋等检查，确保施工质量及施工安全。

施工安全也是预制构件施工安装过程中必须高度重视的问题。预制构件的吊点、施工吊具均应经过生产、储运、吊装等工况的受力分析计算，采取必要的加强措施。施工吊装作业必须严格遵守各项安全操作规程，最大限度地降低施工安全事故的发生概率。

本章针对预制构件施工安装过程中遇到的常见问题进行梳理分析，提出相应的防治措施。

## 3.1 场地布置

| 问题 50 | 施工道路布置（大门入口高度、转弯半径、坡度、硬化等）不合理 |
|---|---|
| 原因分析 | 1. 未充分考虑预制构件运输车总体高度（含预制构件及外露钢筋）；<br>2. 现场场地道路规划布置不够详细，未根据车长、车重计算转弯半径、坡度；<br>3. 路基夯实不足，路面硬化不够，不满足预制构件运输车行车荷载要求 |
| 影响及后果 | 1. 预制构件运输车无法进入施工现场；<br>2. 预制构件运输车无法将构件运输至指定位置；<br>3. 道路沉降不均，影响车辆通行，甚至存在倾覆风险 |
| 规范标准相关规定 | 《装配式混凝土结构技术规程》（JGJ 1-2014）<br>12.2.1　应合理规划构件运输通道和临时堆放场地，并采取成品堆放保护措施 |
| 防治措施 | 1. 合理规划场内施工道路，充分考虑大门净高、转弯半径及坡度，严格按方案进行路基夯实、路面硬化；<br>2. 当预制构件运输车行车为单进单出车道，应考虑吊装时间占用车道对施工的影响；<br>3. 施工前利用 BIM 技术进行行车模拟分析 |

| 问题 51 | 预制构件堆场规划不合理 |
|---|---|
| 原因分析 | 1. 未严格对现场场地堆放进行详细规划布置；<br>2. 现场预制构件堆放随意，未按平面布置方案所规划的位置堆放 |
| 影响及后果 | 1. 导致构件需二次转运，无法按规划的吊装顺序进行施工，影响工程进度；<br>2. 现场材料堆放混乱，影响安全文明施工，堆放在地下室顶板造成开裂，有安全隐患 |
| 规范标准相关规定 | 《混凝土结构工程施工规范》（GB 50666-2011）<br>3.3.6　材料进场后，应按种类、规格、批次分开储存与堆放，并应标识明晰。储存与堆放条件不应影响材料品质。<br>9.4.3　预制构件的堆放应符合下列规定：<br>　　5　现场施工堆放的构件，宜按安装顺序分类堆放，堆垛宜布置在吊车工作范围内且不受其他工序施工作业影响的区域 |

| | |
|---|---|
| **防治措施** | 1. 施工单位规划场地时应结合预制构件吊装顺序、工期等设置预制构件堆放区，并严格按平面布置方案实施；<br>2. 根据不同施工阶段，合理安排预制构件堆场位置，如需堆放至地下室顶板，应经设计单位复核并采取可靠支撑措施；<br>3. 严格按预制构件类型进行规范堆放 |
| **问题案例<br>图示** | <br>图 3-1　未进行预制构件堆场规划，现场堆放混乱，易造成预制构件污染、损坏，无法按规划的吊装顺序进行施工，影响工程进度 |
| **参考做法<br>图示** | <br>图 3-2　合理规划预制构件堆放场地，地面硬化处理，进行围挡保护 |

| 问题 52 | 塔吊位置及吊运能力不满足要求 |
|---|---|
| 原因分析 | 施工策划深度不足，未充分考虑预制构件吊装对塔吊的需求 |
| 影响及后果 | 塔吊无法正常吊运预制构件，影响施工进度，存在安全风险 |
| 规范标准相关规定 | 《装配式混凝土结构技术规程》（JGJ 1-2014）<br>12.1.1　装配式结构施工前应制定施工组织设计、施工方案；施工组织设计的内容应符合现行国家标准《建筑工程施工组织设计规范》GB/T 50502 的规定，施工方案的内容应包括构件安装及节点施工方案、构件安装的质量管理及安全措施等 |
| 防治措施 | 1. 塔吊选型及位置应考虑每个预制构件所处位置的塔吊吊运能力（距离及重量）；<br>2. 不同工况下的塔吊自由端高度应满足预制构件吊装高度要求；<br>3. 对标准层预制构件的吊次进行分析，塔吊设置满足进度要求；<br>4. 施工策划时利用 BIM 技术进行模拟分析 |

## 3.2　进场验收

| 问题 53 | 未按规定进行预制构件进场验收 |
|---|---|
| 原因分析 | 预制构件进场前未按规定程序对每个构件进行相关质量验收 |
| 影响及后果 | 进场的预制构件质量不合格，需修补整改或退场处理，影响工期 |
| 规范标准相关规定 | 《装配式混凝土建筑技术标准》（GB/T 51231−2016）<br>10.2.2　预制构件、安装用材料及配件等应符合国家现行有关标准及产品应用技术手册的规定，并应按照国家现行相关标准的规定进行进场验收。<br>《装配式混凝土结构技术规程》（JGJ 1−2014）<br>11.4.3　预制构件应按设计要求和现行国家标准《混凝土结构工程施工质量验收规范》GB 50204 的有关规定进行结构性能检验 |
| 防治措施 | 加强预制构件出厂、进场时的质量检查（检查质量证明文件、各类检验、实验报告以及预制构件外观、尺寸、平整度、裂缝、预留预埋等），例如受弯预制构件应进行结构构件性能检验，并提供检验报告 |

| 问题 54 | 进场预制构件、吊具未提供相关质量证明文件 |
|---|---|
| 原因分析 | 1. 质量验收过程不符合要求，未按时完成相关质量证明文件资料；<br>2. 未按要求进行相关试验检验，无法提供相关资料 |
| 影响及后果 | 1. 无法保证进场预制构件及吊具的质量；<br>2. 影响工程验收、资料存档 |
| 规范标准相关规定 | 《装配式混凝土建筑技术标准》（GB/T 51231−2016）<br>9.9.2　预制构件交付的产品质量证明文件应包括以下内容：<br>　　1　出厂合格证；<br>　　2　混凝土强度检验报告；<br>　　3　钢筋套筒等其他构件钢筋连接类型的工艺检验报告；<br>　　4　合同要求的其他质量证明文件 |
| 防治措施 | 1. 加强过程质量监督管控，重视资料的完整性；<br>2. 对进场预制构件及吊具的资料进行详细核查，对于进场不做结构性能检验且不做实体检验的预制构件，质量证明文件应有驻厂代表确认签字（总包或监理驻厂代表） |

## 3.3 构件堆放

### 3.3.1 水平预制构件堆放

| 问题 55 | 预制楼梯叠放不合理 |
|---|---|
| 原因分析 | 现场未严格按照规范要求堆放预制楼梯 |
| 影响及后果 | 楼梯梯级受力容易损坏或发生倾覆 |
| 规范标准相关规定 | 《混凝土结构工程施工规范》（GB 50666−2011）<br>9.4.3 预制构件的堆放应符合下列规定：<br>　　3 垫木或垫块在构件下的位置宜与脱模、吊装时的起吊位置一致，重叠堆放构件时，每层构件间的垫木或垫块应在同一垂直线上；<br>　　4 堆垛层数应根据构件与垫木或垫块的承载力及堆垛的稳定性确定，必要时应设置防止构件倾覆的支架 |
| 防治措施 | 使用专用保护木枋或三脚架叠放楼梯，叠放层数不超过规范规定 |
| 问题案例图示 | <br>图 3-3 预制楼梯垫木较短，位置放置不合理，预制楼梯易损坏或发生倾覆 |
| 参考做法图示 | <br>图 3-4 采用专用三脚架垫放在预制楼梯合理受力点上 |

| 问题 56 | 叠合板叠放不合理 |
|---|---|
| 原因分析 | 施工单位未严格按照规范进行堆码 |
| 影响及后果 | 1. 叠放层数超过规定造成，预制构件损伤、开裂或倾倒；<br>2. 叠合楼板直接接触地面造成破损，影响质量 |
| 规范标准相关规定 | 《装配式混凝土建筑技术标准》（GB/T 51231-2016）<br>9.8.2　预制构件存放应符合下列规定：<br>　　6　预制构件多层叠放时，每层构件间的垫块应上下对齐；预制楼板、叠合板、阳台板和空调板等构件宜平放，叠放层数不宜超过 6 层；长期存放时，应采取措施控制预应力构件起拱值和叠合板翘曲变形 |
| 防治措施 | 1. 严格按照规范要求进行堆放：预制楼板、叠合板、阳台板和空调板等构件宜平放，叠放层数不宜超过 6 层；<br>2. 预制构件堆场场地平整、硬化，保障底部垫块在同一标高，多层叠放时层间垫块应上下对齐 |
| 问题案例图示 |  <br>图 3-5　预制板叠放垫块上下不对齐，长期存放易造成预制板翘曲变形 |
| 参考做法图示 |  <br>图 3-6　预制板叠放垫块上下对齐，叠放层数不超过规范规定 |

### 3.3.2 竖向预制构件堆放

| 问题 57 | 竖向预制构件水平放置 |
| --- | --- |
| 原因分析 | 未严格按照规范要求设置存放架 |
| 影响及后果 | 1. 预制构件直接放置地面造成污染、破损，影响质量；<br>2. 竖向预制构件平放不利于起吊，需二次翻转，易破损 |
| 规范标准<br>相关规定 | 《装配式混凝土结构技术规程》（JGJ 1-2014）<br>11.5.3　预制构件堆放应符合下列规定：<br>　　3　构件支垫应坚实，垫块在构件下的位置宜与脱模、吊装时的起吊位置一致 |
| 防治措施 | 设置符合要求的存放架，同时在存放架与预制构件接触面加设柔性保护材料 |
| 问题案例<br>图示 | 图 3-7　竖向预制构件未存放在专用钢托架上，被水平放置在地面，易造成污染、破损；起吊时需二次翻转，造成破损 |
| 参考做法<br>图示 | 图 3-8　竖向预制构件存放在专用钢托架上，存放架与预制构件接触面设置柔性保护 |

# 3.4 竖向构件安装

## 3.4.1 竖向构件定位及支撑

| 问题 58 | 现浇结构钢筋与预制构件对接套筒偏位 |
|---|---|
| 原因分析 | 1. 连接部位混凝土浇筑前未对外露钢筋采取有效的定位措施，未复核外露钢筋的位置，导致钢筋偏位；<br>2. 钢筋下料偏差，导致外露钢筋的锚固长度不够 |
| 影响及后果 | 钢筋偏位超过误差范围，导致套筒无法对位连接 |
| 规范标准相关规定 | 《钢筋套筒灌浆连接应用技术规程》（JGJ 355−2015）<br>6.3.1 连接部位现浇混凝土施工过程中，应采取设置定位架等措施保证外露钢筋的位置、长度和顺直度，并应避免污染钢筋。<br>表 6.3.3 规定，现浇结构施工后外露连接钢筋的位置、尺寸允许偏差为：中心位置允许偏差 0 ~ +3mm，外露长度允许偏差 0 ~ +15mm |
| 防治措施 | 1. 现浇部位施工时，应采取有效定位措施，确保外露钢筋的位置；<br>2. 现浇层钢筋下料可适当增加钢筋长度，混凝土初凝前，复核调整钢筋位置，混凝土达到规定强度后统一切割平整、校正 |
| 问题案例图示 |  图 3-9 现浇部位外露钢筋未采取有效的定位措施，导致浇筑混凝土后钢筋偏位，无法与预制构件套筒连接 |
| 参考做法图示 |  图 3-10 现浇部位施工时，采取限位钢板确保外露钢筋的位置准确 |

| 问题 59 | 预制墙板安装时底部未设置限位或调节措施 |
|---|---|
| 原因分析 | 1. 设计未考虑调节或限位的措施；<br>2. 施工单位未按设计施工 |
| 影响及后果 | 1. 预制墙板安装后平面位置偏差过大，导致上部钢筋偏位、影响模板安装；<br>2. 安装过程反复调节，影响工期 |
| 规范标准<br>相关规定 | 《混凝土结构工程施工规范》（GB 50666-2011）<br>9.5.5　采用临时支撑时，应符合下列规定：<br>　　3　构件安装后，可通过临时支撑对构件的位置和垂直度进行微调。<br>［条文说明］当墙板底没有水平约束时，墙板的每道支撑包括上部斜撑和下部支撑，下部支撑可做成水平支撑或斜向支撑 |
| 防治措施 | 1. 设计应考虑在底部设计水平支撑或斜向支撑进行水平位置调节；<br>2. 设计未考虑水平支撑或斜向支撑时，施工单位应在施工方案中设计"角码"或其他可靠的限位调节措施 |
| 问题案例<br>图示 | <br>图 3-11　预制墙板安装时底部未设置限位或调节措施，安装过程精度调节易反复，影响工期；平面位置偏差大，影响后期安装 |
| 参考做法<br>图示 | <br>图 3-12　预制墙板安装时采用斜向支撑，或"角码"限位调节，保证安装精度 |

| 问题 60 | 预制构件临时支撑被随意拆除 |
|---|---|
| 原因分析 | 由于预制构件临时支撑位置影响楼板支撑架体的搭设或其他施工，而被随意拆除 |
| 影响及后果 | 可能导致预制墙板倾覆或偏位，存在安全质量隐患 |
| 规范标准相关规定 | 《混凝土结构工程施工规范》（GB 50666-2011）<br>9.5.4　预制构件安装过程中应根据水准点和轴线矫正位置，安装就位后应及时采取临时固定措施。预制构件与吊具的分离应在校准定位及临时固定措施安装完成后进行。临时固定措施的拆除应在装配式结构能达到后续施工承载要求后进行 |
| 防治措施 | 预制构件安装前进行安全技术交底，严格执行临时支撑安装和拆除的相关规定 |
| 问题案例图示 | 　图 3-13　安装时预制构件与吊具分离，预制构件未达到后续施工承载力要求，临时支撑被拆除，预制构件易倾覆或偏位，存在安全质量隐患 |
| 参考做法图示 | 　图 3-14　预制构件安装就位后及时采取临时固定措施，待预制构件达到后续施工承载力要求后，方可拆除临时支撑 |

| 问题 61 | 预制墙板安装偏位 |
|---|---|
| 原因分析 | 1. 预制墙板安装定位控制措施不到位；<br>2. 预制墙板固定措施不力 |
| 影响及后果 | 影响安装质量，需二次处理；影响后期模板安装 |
| 规范标准<br>相关规定 | 《装配式混凝土建筑技术标准》（GB/T 51231-2016）<br>10.4.12　装配式混凝土结构的尺寸偏差及检验方法应符合表 10.4.12 的规定。<br>（表略） |
| 防治措施 | 1. 严格按照施工方案进行安装定位控制；<br>2. 采取可靠的临时斜撑或"角码"限位措施 |
| 问题案例<br>图示 |  图 3-15　预制墙板安装定位控制措施不到位、预制构件固定措施不力导致预制墙板安装偏位，影响后期模板安装 |
| 参考做法<br>图示 |  图 3-16　预制墙板安装定位控制措施到位、固定措施牢固，预制墙板安装平齐 |

## 3.4.2 竖向构件连接

| 问题 62 | 预制外墙板拼缝被堵实 |
|---|---|
| 原因分析 | 1. 底部未设置防漏浆措施或防漏浆措施未闭合，构造缝隙被后浇混凝土填塞；<br>2. 施工交底不到位，工序控制不严格 |
| 影响及后果 | 预制外墙下部拼缝被堵实，影响后续打胶，开裂、渗漏风险大 |
| 规范标准<br>相关规定 | 《装配式混凝土结构技术规程》（JGJ 1-2014）<br>5.3.4 预制外墙板的接缝及门窗洞口等防水薄弱部位宜采用材料防水和构造防水相结合的做法 |
| 防治措施 | 1. 正确设置防漏浆措施，确保闭合；<br>2. 对操作工人加强交底，严格控制工序验收和交接 |
| 问题案例<br>图示 | <br>图 3-17 预制外墙板拼缝未设置防漏浆措施，构造缝隙被后浇混凝土填塞堵实，影响后续打胶，开裂、渗漏风险大 |
| 参考做法<br>图示 | <br>图 3-18 预制外墙板拼缝设置 PE 棒防漏浆，水平构造缝隙符合规范要求 |

| 问题 63 | 竖向预制构件采用坐浆法施工时，坐浆层不饱满 |
|---|---|
| 原因分析 | 1. 坐浆料未按要求铺设；<br>2. 预制构件安装时反复起吊调节，而未重新铺料；<br>3. 预制构件安装到位后，受到扰动 |
| 影响及后果 | 1. 预制构件连接部位承载力下降，影响结构安全；<br>2. 预制构件连接部位出现通缝，存在渗漏隐患 |
| 规范标准<br>相关规定 | 《钢筋套筒灌浆连接应用技术规程》（JGJ 355-2015）<br>6.3.5　灌浆施工方式及构件安装应符合下列规定：<br>　　　3　竖向预制构件不采用连通腔灌浆方式时，构件就位前应设置坐浆层 |
| 防治措施 | 1. 坐浆料铺设时应做到中间高两边低，且最低处厚度应大于缝的高度；对于夹心墙板的安装，坐浆料应铺设成外高内低的斜面，且最低处高度不小于缝的高度；<br><br><br><br>2. 预制构件安装时底部做好定位措施，确保构件安装一次到位；<br>3. 若安装后再次提起，应重新铺设坐浆料；<br>4. 灌浆后灌浆料同条件养护试块强度达到 35MPa 以前，禁止扰动预制构件 |

| | |
|---|---|
| 问题案例<br>图示 | <br>图 3-19　竖向预制构件采用坐浆法施工时，坐浆料未按要求铺设、预制构件反复起吊调节、未重新铺料等原因导致坐浆层不饱满，易出现通缝，存在渗漏隐患，导致连接承载力下降，影响结构安全 |
| 参考做法<br>图示 | <br>图 3-20　竖向预制构件采用坐浆法施工时，坐浆料铺设符合规范要求 |

| 问题 64 | 采用坐浆法施工时防堵垫片选用不合理，坐浆料进入灌浆套筒 |
|---|---|
| 原因分析 | 1. 预制构件采用坐浆法安装时套筒底部未设置配套的防堵垫片；<br>2. 预制构件采用坐浆法安装时使用的防堵垫片过小或不能起到密封作用 |
| 影响及后果 | 1. 坐浆料进入套筒堵塞灌浆口，导致灌浆料无法填满套筒或不能灌浆；<br>2. 由于坐浆料强度低于灌浆料，且工作性能与灌浆料不同，影响灌浆套筒接头强度 |
| 规范标准<br>相关规定 | 《灌浆套筒剪力墙应用技术标准》（T/BIAS 2–2018）<br>7.2.4　内剪力墙采用坐浆法施工时……在每根钢筋上安装套筒防堵垫片 |
| 防治措施 | 采用坐浆法施工的预制构件，预制构件安装时应在锚固钢筋上设置配套的专用防堵垫片 |
| 问题案例<br>图示 |  图 3-21　预制构件采用坐浆法安装时套筒底部未设置配套的防堵垫片，坐浆料进入套筒堵塞灌浆口，导致灌浆料无法填满套筒，影响灌浆套筒接头强度 |
| 参考做法<br>图示 |  图 3-22　预制构件采用坐浆法安装时锚固钢筋上设置配套的专用防堵垫片，防止坐浆料进入套筒 |

| 问题 65 | 预制构件灌浆时连通腔底部封仓部位破损漏浆 |
|---|---|
| 原因分析 | 1. 未采用专用的封仓材料，封仓材料的强度未达到规定强度即开始灌浆，封仓时未采取控制封仓深度的措施；<br>2. 灌浆压力过大，导致封仓部位破损 |
| 影响及后果 | 1. 导致灌浆失败，需重新封仓灌浆，费工费时；<br>2. 灌浆不满，影响结构安全 |
| 规范标准<br>相关规定 | 《钢筋套筒灌浆连接应用技术规程》（JGJ 355-2015）<br>6.3.5　灌浆施工方式及构件安装应符合下列规定：<br>　　2　竖向构件宜采用连通腔灌浆，并应合理划分连通灌浆区域，每个区域除预留灌浆孔、出浆孔与排气孔外，应形成密闭空腔，不应漏浆 |
| 防治措施 | 1. 应使用合格的封仓材料，及时养护，待封仓材料强度达到规定后开始灌浆，封仓时应使用专用的工具控制封仓深度和封仓的密实度；<br>2. 使用专用的灌浆设备，严格控制灌浆压力 |
| 问题案例<br>图示 | <br>图 3-23　预制构件灌浆时连通腔因封仓材料强度未达到规定强度或未采用专用的灌浆设备，导致封仓部位破损，灌浆失败或灌浆不满，影响结构安全 |
| 参考做法<br>图示 | <br>图 3-24　预制构件灌浆时连通腔使用合格的封仓材料，及时养护，待封仓材料强度达到规定后开始灌浆，封仓时使用专用工具控制封仓深度和封仓的密实度<br><br>图 3-25　连通腔封仓密实，保证了预制构件套筒灌浆质量 |

| 问题 66 | 灌浆过程中无法出浆或液面下降 |
|---|---|
| 原因分析 | 1. 灌浆料流动度不足导致局部堵塞；<br>2. 预制构件底部封仓位置漏浆；<br>3. 封仓材料进入套筒导致套筒堵塞 |
| 影响及后果 | 灌浆不饱满，影响结构安全 |
| 规范标准<br>相关规定 | 《钢筋套筒灌浆连接应用技术规程》（JGJ 355−2015）<br>7.0.10　灌浆应密实饱满，所有出浆口均应出浆 |
| 防治措施 | 1. 使用合格的灌浆料，按照产品规定进行灌浆操作；<br>2. 采用合适的封仓方法，确保封仓严密、不漏浆；<br>3. 采取措施，避免封仓材料进入套筒 |
| 问题案例<br>图示 |  <br>图 3-26　因灌浆料流动度不足或预制构件底部漏浆导致灌浆不饱满，影响结构安全 |
| 参考做法<br>图示 | 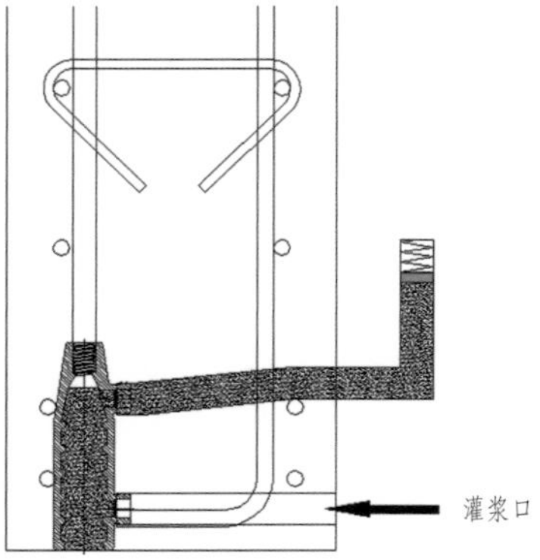 　灌浆口<br>图 3-27　发现灌浆料液面下降后细管压力补浆的参考做法 |

## 3.5 水平构件安装

### 3.5.1 预制楼梯安装

| 问题 67 | 预制楼梯安装标高控制不当 |
|---|---|
| 原因分析 | 1. 施工单位（总包）管理不严格，预留标高错误；<br>2. 施工单位（分包）楼梯安装过程中垫层过高、安装精度不够 |
| 影响及后果 | 预制楼梯安装后标高高于建筑完成面，出现"反坎"现象，需要二次处理，费工费时，影响质量 |
| 规范标准<br>相关规定 | 《装配式混凝凝土建筑施工工艺规程》（T/CCIAT 0001—2017）<br>4.5.9 预制楼梯安装应符合下列规定：<br>　　1 预制楼梯安装前，应检查楼梯构件平面定位及标高，并应设置抄平垫块；<br>　　2 预制楼梯就位后，应立即调整并固定，避免因人员走动造成的偏差及危险；<br>　　3 预制楼梯端部安装，应考虑建筑标高与结构标高的差异，确保踏步高度一致 |
| 防治措施 | 控制现浇平台板施工精度，控制预制楼梯吊装时垫片调节安装高度 |
| 问题案例<br>图示 | 　图 3-28　预制楼梯预留标高错误或安装过程垫层过高，导致楼梯安装后标高高于建筑完成面，出现"反坎"现象，需要二次处理，费工费时 |
| 参考做法<br>图示 | 　图 3-29　预制楼梯安装后标高符合要求 |

| 问题 68 | 预制楼梯安装定位孔及缝隙被杂物堵塞 |
|---|---|
| 原因分析 | 预制楼梯吊装后拼缝未及时进行封堵 |
| 影响及后果 | 定位孔及缝隙内垃圾清理困难，导致滑动支座失去作用 |
| 防治措施 | 安装预制楼梯时，对预制楼梯段与现浇梯段缝隙、安装定位孔应随吊随塞；不能及时灌缝填塞时，应做好成品保护措施，避免被垃圾堵塞 |
| 问题案例图示 | 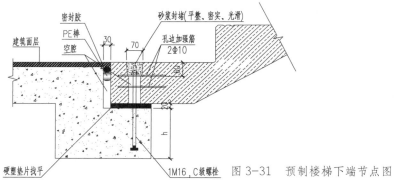 图 3-30 预制楼梯安装后定位孔及缝隙内被垃圾堵塞，清理困难，导致滑动支座失去作用 |
| 参考做法图示 | 图 3-31 预制楼梯下端节点图  图 3-32 预制楼梯安装后定位孔及缝隙及时用泡沫板填塞，避免被垃圾堵塞 |

| 问题 69 | 预制楼梯现浇休息平台预留插筋偏位或漏做 |
|---|---|
| 原因分析 | 未按要求设置预留插筋或预留插筋偏位 |
| 影响及后果 | 影响楼梯受力安全，二次植筋，费工费时，影响质量 |
| 规范标准相关规定 | 《装配式混凝土结构技术规程》（JGJ 1-2014）<br>6.5.8 预制楼梯与支承构件之间宜采用简支连接。采用简支连接时，应符合下列规定：<br>    2 预制楼梯设置滑动铰的端部应采取防止滑落的构造措施 |
| 防治措施 | 严格按照设计图纸预留钢筋，并确保定位准确、牢固 |
| 问题案例图示 | <br>图 3-33 预制楼梯现浇休息平台预留插筋漏做，需二次植筋，影响楼梯受力安全 |
| 参考做法图示 | <br>图 3-34 预制楼梯现浇休息平台预留插筋的规格、定位准确 |

### 3.5.2 叠合板安装

| 问题 70 | 叠合板支撑不合理 |
|---|---|
| 原因分析 | 1. 叠合板支撑托梁未垂直于桁架筋方向；<br>2. 临时支撑体系、支撑间距不合理；<br>3. 竖向连续支撑层数不满足专项方案要求 |
| 影响及后果 | 造成叠合板变形或开裂，影响建筑功能或结构安全 |
| 规范标准相关规定 | 《预制装配整体式钢筋混凝土结构技术规范》（SJG 18-2009）<br>9.1.5 预制构件的安装，应符合下列规定：<br>    1 构件安装前应根据测量放线成果设计支撑构件的架体，支撑架体宜采用可调节的铝合金立杆及配套的铝合金横梁，或采用普通脚手架管或门架体系；<br>    2 首层支撑架体的地基必须坚实，架体必须有足够的刚度和稳定性 |
| 防治措施 | 对支撑体系进行专项设计，并严格按照方案实施 |
| 问题案例图示 |  图 3-35 叠合板支撑体系采用铝模与传统木枋混合支撑，支撑不合理，不方便施工 |
| 参考做法图示 |  图 3-36 叠合板支撑采用铝模板支撑体系，支撑牢固平稳 |

| 问题 71 | 叠合板安装后外伸钢筋不符合锚固要求 |
|---|---|
| 原因分析 | 现浇梁钢筋绑扎与叠合板吊装工序安排不合理 |
| 影响及后果 | 预留钢筋进行强行弯曲，影响结构安全 |
| 规范标准<br>相关规定 | 《混凝土结构设计规范》（GB 50010-2010）<br><br>9.1.4　简支板或连续板下部纵向受力钢筋深入支座的锚固长度不应小于钢筋直径的 5 倍，且宜伸过支座中心线。当连续板内温度、收缩应力较大时，伸入支座的长度宜适当增加 |
| 防治措施 | 应合理安排叠合板与现浇梁施工顺序，严格交底，保证板钢筋伸入支座长度满足规范要求 |
| 问题案例<br>图示 |  图 3-37　现浇梁钢筋绑扎与叠合板吊装工序安排不合理，叠合板外伸钢筋被弯折，安装后外伸钢筋不符合锚固要求 |
| 参考做法<br>图示 |  图 3-38　合理安排现浇梁钢筋绑扎与叠合板吊装工序，叠合板外伸钢筋符合锚固要求 |

| 问题 72 | 叠合板拼缝处、阴角部位漏浆 |
|---|---|
| 原因分析 | 1. 叠合板翘曲、就位标高不准确；<br>2. 叠合板支撑板带处模板精度不足或支撑未顶紧；<br>3. 叠合板拼缝处、阴角位置防漏浆措施不到位 |
| 影响及后果 | 后期需要打磨，费工费时 |
| 规范标准<br>相关规定 | 《预制装配整体式钢筋混凝土结构技术规范》（SJG 18-2009）<br>9.1.5　预制构件的安装，应符合下列规定：<br>　　1　构件安装前应根据测量放线成果设计支撑构件的架体，支撑架体宜采用可调节的铝合金立杆及配套的铝合金横梁，或采用普通脚手架管或门架体系；<br>　　2　首层支撑架体的地基必须坚实，架体必须有足够的刚度和稳定性 |
| 防治措施 | 应采用合理的拼缝节点构造，按规范要求做好防漏浆措施 |
| 问题案例<br>图示 | 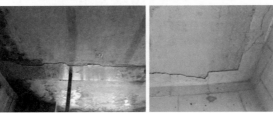　图 3-39　叠合板安放不到位，边角翘起，后期易漏浆<br><br>图 3-40　因叠合板翘曲、就位标高不准确，叠合板支撑板带处模板精度不足或支撑未顶紧，拼缝处、阴角位置防漏浆措施不到位等原因导致叠合板拼缝处、阴角部位漏浆，需后期打磨 |
| 参考做法<br>图示 | 　图 3-41　叠合板支撑采用铝模板支撑体系，支撑牢固平稳，拼缝处、阴角部位贴防漏浆胶条防止漏浆 |

# 3.6　成品保护

| 问题 73 | 预制楼梯踏步未做保护措施 |
|---|---|
| 原因分析 | 预制构件在生产企业出厂前、安装后均未对楼梯表面进行保护 |
| 影响及后果 | 影响楼梯整体外观质量，需二次处理，费工费时，影响质量 |
| 规范标准相关规定 | 《装配式混凝土建筑技术标准》（GB/T 51231−2016）<br>10.7.5　预制楼梯饰面应采用铺设木板或其他覆盖形式的成品保护措施。楼梯安装后，踏步口宜铺设木条或其他覆盖形式保护 |
| 防治措施 | 1. 严格执行预制构件出厂、进场检验制度，做好成品保护，可采取铺贴塑料膜等措施；<br>2. 现场安装后可在预制楼梯梯级上加装木板保护等措施 |
| 问题案例图示 | <br>图 3-42　未对预制楼梯表面进行保护，施工过程易被污染、损坏 |
| 参考做法图示 | <br>图 3-43　预制楼梯安装后，采用铺设木模板覆盖形式保护 |

| 问题 74 | 预埋窗框保护措施不到位 |
|---|---|
| 原因分析 | 未做有效成品保护 |
| 影响及后果 | 造成铝窗破损、污染，后期处理，费工费时 |
| 规范标准<br>相关规定 | 《装配式混凝土建筑技术标准》（GB/T 51231−2016）<br>9.8.4 预制构件在运输过程中应做好安全和成品防护，并应符合下列规定：<br>　　3 运输时宜采取如下防护措施：<br>　　　3）墙板门窗框、装饰表面和棱角采用塑料贴膜或其他措施防护 |
| 防治措施 | 1. 预制构件出厂时应对预埋铝窗做好成品保护；<br>2. 施工现场相关单位应采取保护措施，禁止损坏成品 |
| 问题案例<br>图示 | <br>图 3-44 预埋窗框未做有效保护，造成预埋铝窗破损、污染，后期或无法安装玻璃 |
| 参考做法<br>图示 | <br>图 3-45 预埋窗框采用塑料贴膜绑扎，且采用木模板形成保护框 |

# 4 装配式模板

预制构件和装配式模板一体化工艺，是装配式建筑创新的一项新技术，深圳市的装配式建筑施工应用中，装配式模板主要是指铝合金模板（铝模）。目前铝模施工主要需要考虑两方面问题：一是铝模支撑加固问题，在施工应用中，预制构件、装配式模板各自都拥有一套完整的支撑体系，在项目中可以独自使用，也可合二为一使用，但合二为一使用时，会在施工作业层有限的空间内出现支撑干涉、碰撞、支撑无法安装等情况。出现这些情况，主要是预制构件与装配式模板前期深化时，深化设计人员没有相互协调、沟通不到位或深化设计人员缺少施工经验等原因所致。二是铝模拼装精度匹配问题，预制构件生产、吊装，装配式模板的生产、安装均存在一定的允许误差，预制构件和装配式模板各自的生产及安装精度也有规范要求，但是二者属于配合施工的范畴，极易出现因设计、生产和安装产生的偏差，导致二者安装时无法紧密结合，出现漏浆、错台等影响外观质量。

在实际施工中，预制构件安装与铝模施工往往由两个不同的专业分包队伍完成，在施工配合、节点连接中会有大量的施工协调工作，由此也衍生出较多的施工问题。

本章针对铝模施工安装过程中遇到的常见问题进行梳理分析，提出相应的防治措施。

## 4.1 模板设计

| 问题 75 | 模板与预制构件斜撑或角码冲突 |
|---|---|
| 原因分析 | 模板与预制构件深化设计未提前协调 |
| 影响及后果 | 模板无法安装或安装困难 |
| 规范标准<br>相关规定 | 《组合铝合金模板工程技术规程》（JGJ 386–2016）<br>4.1.5　模板配板设计应与主体结构设计、预制构件设计相互协调 |
| 防治措施 | 1. 模板与预制构件深化设计时加强沟通协调；<br>2. 模板与预制构件交接部位宜采用 BIM 技术进行碰撞分析；<br>3. 预制构件的斜撑支座或角码位置应考虑模板安装空间 |
| 问题案例<br>图示 | 图 4-1　斜撑或角码未考虑或预留模板的安装位置，模板无法安装及加固 |
| 参考做法<br>图示 | 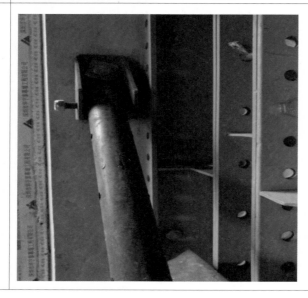图 4-2　斜撑或角码采用较小型号或与模板保持距离，降低对模板安装的影响 |

| 问题 76 | 模板安装时与预制构件中的预埋件冲突 |
|---|---|
| 原因分析 | 预制构件深化设计时，未考虑预埋件与模板冲突 |
| 影响及后果 | 1. 模板无法安装或安装困难；<br>2. 需切除、打磨凸出的预埋件，对预制构件造成损伤，费工费时；<br>3. 对于不能切除的凸出预埋件，现场需切割铝模板，模板损坏，增加成本 |
| 规范标准<br>相关规定 | 《装配式混凝土建筑技术标准》（GB/T 51231−2016）<br>7.4.1　装配式混凝土建筑的电气和智能化设备与管线的设计，应满足预制构件工厂化生产、施工安装及使用维护的要求 |
| 防治措施 | 1. 预制构件深化设计应考虑与模板连接部位的模板排布情况，预埋件设置考虑避让模板；<br>2. 若凸出预埋件无法避开，铝模需对应留孔处理 |
| 问题案例<br>图示 | <br>图 4-3　模板与预制构件交接位置的预制构件预埋件凸出过长，模板无法与预制构件贴合，混凝土浇筑时容易漏浆 |
| 参考做法<br>图示 | <br>图 4-4　预制构件与模板交接位置预埋件不凸出<br><br>图 4-5　预制构件与模板交接位置预埋件若必须凸出，模板做开孔预留处理 |

| 问题 77 | 模板与预制凸窗洞口、预制阳台内侧公差不匹配 |
|---|---|
| 原因分析 | 1. 模板与预制构件深化设计未提前协调；<br>2. 模板或预制构件超过允许公差 |
| 影响及后果 | 模板安装困难，需二次处理，费工费时，影响质量 |
| 规范标准<br>相关规定 | 《组合铝合金模板工程技术规程》（JGJ 386-2016）<br>3.3.2 模板成品质量标准允许偏差应符合表 3.3.2 的规定。（表略）<br>4.1.5 模板配板设计应与主体结构设计、预制构件设计相互协调 |
| 防治措施 | 1. 预制构件与模板搭接处宜设置深 3mmm 的安装企口；<br>2. 预制构件洞口尺寸应按正公差控制，模板宜按负公差控制；<br>3. 加强预制构件出厂检验，保证预制构件尺寸不超过允许公差 |
| 问题案例<br>图示 | <br>图 4-6 预制凸窗洞口按负公差生产，需经打磨，模板才能安装 |
| 参考做法<br>图示 | <br>图 4-7 预制凸窗洞口与模板交接位置宜设置安装企口 |

| 问题 78 | 水平预制构件支撑体系与模板支撑体系不匹配 |
|---|---|
| 原因分析 | 1. 模板与水平预制构件深化设计时未考虑支撑问题；<br>2. 按照传统做法考虑水平预制构件的支撑体系 |
| 影响及后果 | 1. 支撑的水平调校相对困难，每根立杆均需单独调平，工作量较大；<br>2. 架体钢管较密，工人操作不便，降低工效 |
| 规范标准<br>相关规定 | 《组合铝合金模板工程技术规程》（JGJ 386-2016）<br>4.1.5  模板配板设计应与主体结构设计、预制构件设计相互协调 |
| 防治措施 | 施工组织设计时应考虑水平预制构件的支撑体系与模板支撑体系一致 |
| 问题案例<br>图示 |  <br>图 4-8  支撑的水平调校相对困难，每根立杆均需单独调平，工作量较大　　图 4-9  架体钢管较密，调校困难，工人操作不便，降低工效 |
| 参考做法<br>图示 | <br>图 4-10  叠合板支撑采用装配式模板支撑体系，并贴防漏浆胶条 |

| 问题 79 | 模板支撑与预制构件支撑冲突 |
|---|---|
| 原因分析 | 1. 模板深化设计未与预制构件安装方案提前协调；<br>2. 未应用 BIM 技术进行碰撞分析 |
| 影响及后果 | 造成模板支撑不稳固，导致涨模，需二次处理，费工费时，影响质量 |
| 规范标准<br>相关规定 | 《装配式混凝土结构技术规程》（JGJ 1-2014）<br>3.0.6　预制构件深化设计的深度应满足建筑、结构和机电设备等各专业以及构件制作、运输、安装等各环节的综合要求 |
| 防治措施 | 1. 模板深化设计与预制构件深化设计、预制构件施工安装方案等提前进行协调；<br>2. 应用 BIM 技术进行碰撞分析 |
| 问题案例<br>图示 | <br>图 4-11　模板支撑与斜撑位置干涉 |
| 参考做法<br>图示 | <br>图 4-12　模板支撑设置在预制构件斜撑两侧（临时补救措施） <br>图 4-13　模板支撑与预制构件斜撑互相避让，方便安装施工 |

## 4.2 安装施工

| 问题 80 | 预制构件安装误差偏大，影响模板安装 |
|---|---|
| 原因分析 | 1. 预制构件安装的位置、垂直度偏差过大；<br>2. 模板超过允许正公差；<br>3. 模板变形，组合拼装后尺寸偏差过大 |
| 影响及后果 | 1. 模板无法安装或安装困难；<br>2. 模板与预制构件连接处缝隙过大，导致漏浆 |
| 规范标准<br>相关规定 | 《装配式混凝土建筑技术标准》（GB/T 51231-2016）<br>10.4.12 装配式混凝土结构的尺寸偏差及检验方法应符合表 10.4.12 的规定。（表略）<br>《组合铝合金模板工程技术规程》（JGJ 386-2016）<br>3.3.2 模板成品质量标准允许偏差应符合表 3.3.2 的规定。（表略） |
| 防治措施 | 1. 严格控制预制构件安装位置、垂直度，相邻预制构件间距宜为正公差，模板安装前做好交接验收；<br>2. 加强模板的施工管理，确保模板组装后的公差符合要求；<br>3. 预制构件间模板宜采用"八"字口易拆体系 |
| 问题案例<br>图示 | <br>图 4-14 预制构件之间安装模板间距较小，影响安装 |
| 参考做法<br>图示 | <br>图 4-15 预制构件之间模板需做负公差且宜做易拆处理 |

| 问题 81 | 预制构件与模板交接处漏浆 |
|---|---|
| 原因分析 | 1. 预制构件未进行防漏浆设计或设计不合理；<br>2. 预制构件与模板之间防漏浆措施设置不到位 |
| 后果及影响 | 预制构件与现浇交接周边漏浆，需二次处理，费工费时，影响观感 |
| 规范标准<br>相关规定 | 《装配式混凝土建筑技术标准》（GB/T 51231—2016）<br>10.4.7　模板与预制构件接缝处应采取防止漏浆的措施，可粘贴密封条 |
| 防治措施 | 1. 预制构件与模板交接处应合理设计防漏浆措施；<br>2. 预制构件与模板交接处应连续设置胶条 |
| 问题案例<br>图示 | <br>图 4-16　模板与预制构件之间未有效贴合，有漏浆隐患 |
| 参考做法<br>图示 | <br>图 4-17　模板与预制构件之间贴防漏浆胶条处理　　图 4-18　模板与预制构件之间贴合位置宜采用角码压紧 |

| 问题 82 | 预制外墙竖向拼缝出现错台 |
|---|---|
| 原因分析 | 1. 预制外墙拼缝与现浇墙体连接处的侧压力过大；<br>2. 预制外墙预埋拉杆连接套筒位置与外墙拼缝处较远，无法抵抗现浇混凝土侧压力 |
| 影响及后果 | 1. 由于现浇墙体侧压力过大，套筒拉接容易脱落损坏，造成预制构件错台及偏位；<br>2. 严重影响观感质量，后期无法修补或修补代价过高 |
| 规范标准<br>相关规定 | 《装配式混凝土结构技术规程》（JGJ 1–2014）<br>10.1.1　外挂墙板应采用合理的连接节点并与主体结构可靠连接 |
| 防治措施 | 1. 预制构件的竖向拼缝宜设置在侧压力较小部位；<br>2. 预制外墙板与现浇墙体连接时，宜采用对穿螺杆加固；<br>3. 采用预埋套筒加固时，套筒数量、间距应满足受力要求 |
| 问题案例<br>图示 | 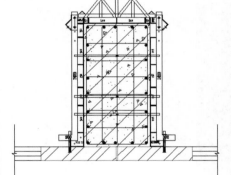 <br>图 4-19　预制外墙板拼缝设置在压力较大的现浇柱侧边，不合理；当预制外墙板拼缝设置在压力较大的现浇柱侧边时，不应采用预埋套筒进行模板加固　　图 4-20　预制外墙板因加固不牢，外墙板被现浇混凝土压力推出，拼缝位置产生错台 |
| 参考做法<br>图示 | <br>图 4-21　预制外墙板拼缝位置侧压力较大时宜采用螺杆对穿进行模板加固 |

| 问题 83 | 模板与预制构件连接不牢固 |
|---|---|
| 原因分析 | 深化设计未考虑预制构件端部与模板现浇结构连接固定方式 |
| 影响及后果 | 造成涨模或漏浆等质量缺陷 |
| 规范标准<br>相关规定 | 《组合铝合金模板工程技术规程》（JGJ 386-2016）<br>4.1.5　模板配板设计应与主体结构设计、预制构件设计相互协调 |
| 防治措施 | 模板与预制构件连接处，宜在预制构件上预留对拉螺杆连接孔，用于模板连接固定 |
| 问题案例<br>图示 | <br>图 4-22　预制外墙板与模板交接位置未在预制构件上预留模板安装加固孔 |
| 参考做法<br>图示 | <br>图 4-23　预制外墙板与模板交接位置宜在预制构件上预留孔进行模板加固 |

# 5 施工设施

　　装配式建筑涉及的施工设施主要是指爬架、塔吊及施工电梯，使用时必须贯彻尊重科学、规范管理、安全第一、预防为主的方针。在设施选型、附墙方式及部位确定、方案的编制等环节应根据工程特点，结合装配式建筑项目需求及周边建筑、道路、环境等因素综合考虑，满足装配式建筑施工条件及安全生产要求，避免安装、使用时出现吊装、附墙等问题，这样，才能更好地服务装配式建筑施工。因此，装配式建筑施工设施必须多元化考虑、合理装备、安全使用，以服务生产为目的，以保证工程质量和施工安全为前提，为最终达到加快施工进度、提高生产效益、获取良好经济效益创造条件。

　　本章针对装配式建筑施工设施安装和使用过程中遇到的常见问题进行梳理分析，提出相应的防治措施。

## 5.1 爬架

| 问题 84 | 爬架与主体结构间距不满足要求，影响预制构件安装 |
|---|---|
| 原因分析 | 爬架深化设计未与预制构件安装方案提前协调，部分预制构件由外往里安装，爬架与主体结构间距不满足安装要求 |
| 影响及后果 | 与爬架碰撞的预制构件无法正常安装 |
| 规范标准相关规定 | 《建筑施工工具式脚手架安全技术规范》（JGJ 202-2010）<br><br>4.4.2　附着式升降脚手架结构构造的尺寸应符合下列规定：<br>　　2　架体宽度不应大于 1.2m；<br>6.3.8　竖向桁架安装位置距离架体主节点距离不得大于 300mm。<br>同时需满足《关于加强附着式升降脚手架安全管理的通知》（深建质监〔2018〕15 号）的规定："爬架与主体间水平投影距离不得大于 250mm" |
| 防治措施 | 1. 应用 BIM 技术模拟预制构件安装过程，确定预制构件安装方式及间距要求；<br>2. 爬架深化设计需与预制构件安装方案提前协调，结合实际充分考虑预制构件安装间距的要求；<br>3. 建议采用直落式安装方案 |
| 问题案例图示 |  图 5-1　爬架深化设计未与预制构件安装方案提前协调，预制阳台由外往里安装，爬架与主体结构间距不满足安装要求，预制阳台无法正常安装 |
| 参考做法图示 |  图 5-2　爬架深化设计充分考虑预制构件安装间距要求，应用 BIM 技术模拟预制构件安装过程，确定预制构件安装方式及间距要求 |

| 问题 85 | 爬架导座未固定在现浇结构梁板上 |
|---|---|
| 原因分析 | 1.技术交底不到位或现场安装未按照方案要求施工；<br>2.爬架附墙导座设置无法避开预制构件 |
| 影响及后果 | 预制构件与现浇部位结构连接处开裂甚至破坏 |
| 规范标准<br>相关规定 | 《建筑施工工具式脚手架安全技术规范》（JGJ 202-2010）<br>4.6.1　附着式升降脚手架应按专项施工方案进行安装，可采用单片式主框架的架体，也可采用空间桁架式主框架的架体 |
| 防治措施 | 1.预制构件与现浇结构连接质量一般受现场影响较大，尽量避免以预制构件作为爬架支座；<br>2.爬架附墙导座无法避开预制构件时，应由设计复核确认，如不满足可采用悬挑工字钢固定在现浇结构梁板上 |
| 问题案例<br>图示 | <br>图 5-3　爬架深化设计时附墙导座设置未避开预制构件，如预制构件配筋、连接设计未做相应调整，易导致预制构件与现浇结构连接处开裂甚至破坏 |
| 参考做法<br>图示 | <br>图 5-4　爬架导座固定在现浇结构梁板上 |

| 问题 86 | 爬架导座处混凝土开裂 |
|---|---|
| 原因分析 | 1. 盲目赶工，现浇部分混凝土龄期不足，强度不够；<br>2. 导座螺杆垫片尺寸偏小，局部承压过大；<br>3. 爬架违规堆载，负荷过大 |
| 影响及后果 | 导座处混凝土开裂、破损，影响爬架安全 |
| 规范标准<br>相关规定 | 《建筑施工工具式脚手架安全技术规范》（JGJ 202-2010）<br>4.4.5　附着支承结构应包括附墙支座、悬臂梁及斜拉杆，其构造应符合下列规定：<br>　　5　附墙支座支承在建筑物上连接处混凝土的强度应按设计要求确定，且不得小于 C10 |
| 防治措施 | 1. 导座固定前先检查混凝土强度是否达到要求；<br>2. 加大导座垫片尺寸或导座处加设附加筋；<br>3. 项目管理人员加强巡查，严禁违规堆载，防止爬架超载 |
| 问题案例<br>图示 | <br>图 5-5　因现浇部分混凝土龄期不足、强度不够，导座螺杆垫片尺寸偏小，局部承压过大，爬架违规堆载，负荷过大等原因导致爬架导座处混凝土开裂、破损，影响爬架安全 |

| 问题 87 | 爬架导座与预制构件上预埋窗框冲突 |
|---|---|
| 原因分析 | 爬架设计时未考虑预制构件与爬架的提前协调 |
| 影响及后果 | 窗框破损，延误工期 |
| 规范标准<br>相关规定 | 《装配式混凝土结构技术规程》（JGJ 1−2014）<br>3.0.1　在装配式建筑方案设计阶段，应协调建设、设计、制作、施工各方之间的关系，并应加强建筑、结构、设备、装修等专业之间的配合 |
| 防治措施 | 1. 在设计阶段采用 BIM 技术对预制构件与爬架进行提前协调；<br>2. 当爬架导座必须穿过窗户时，建议采用预埋钢副框形式，有效避免冲突 |
| 参考做法<br>图示 | <br>图 5-6　当爬架导座必须穿过窗户时，采用预埋钢副框形式，有效避免冲突 |

## 5.2 塔吊

| 问题 88 | 塔吊安全通道未与爬架协调统一设计 |
|---|---|
| 原因分析 | 1. 塔吊深化设计未与爬架深化设计提前协调；<br>2. 现场未按照方案要求施工 |
| 影响及后果 | 1. 塔吊安全通道未直接连接在结构主体上，易造成塔吊通道侧翻引发高坠事故；<br>2. 当安全通道连接在爬架上时，增加爬架荷载，存在安全隐患 |
| 防治措施 | 1. 原则上，塔吊安全通道应设置在结构主体上；<br>2. 若塔吊安全通道无法与结构主体直接连接，需要设置在爬架上时，通道必须与爬架形成整体，与塔吊脱开，保证安全 |
| 问题案例图示 | <br>图 5-7 塔吊安全通道连接在爬架上，增加爬架荷载，存在安全隐患 |
| 参考做法图示 | <br>图 5-8 塔吊安全通道需连接在爬架上时，通道应与爬架形成整体，与塔吊脱开，避免塔吊扰动影响爬架及通道安全 |

# 6 预制内隔墙

预制内隔墙作为建筑内部空间分隔墙体构件，具有自重轻、拆装方便、提高使用面积和减少湿作业等优点，被广泛应用。但是在实际项目中，经常出现由于梁挠度过大、内隔墙质量差、安装施工不规范，导致内隔墙安装完成后出现各种裂缝质量缺陷，影响使用功能。

目前，预制内隔墙板裂缝问题主要包括：内隔墙板自身开裂、拼缝开裂、墙板与结构主体连接处开裂、门窗洞口上角墙面开裂、内隔墙拐角处开裂、抹灰层开裂等。

为防止内隔墙板开裂，首先需在结构设计时考虑结构梁挠度、墙长度对内隔墙板开裂的影响，采取相应的措施。其次，预制内隔墙深化设计时应与水电、模板等专业提前协调设计，避免出现宽度小于 200mm 的窄条板、机电线盒跨板缝、标准异形板使用部位不明确、墙板与混凝土结构接缝处未预留安装企口、门头板未采用模板下挂现浇成型、小于 150mm 的门垛未采用现浇成型等现象。最后，在施工阶段应严格控制内隔墙条板进场验收、合理堆放，采用厂家生产的标准板、异形板及配套的非标准宽度补板，按照规定的工艺流程和构造做法施工，同时现浇结构管线一次精准预埋，避免斜开槽。

本章针对装配式建筑内隔墙板施工安装过程中遇到的常见问题进行梳理分析，提出相应的防治措施。

## 6.1 内隔墙设计

| 问题 89 | 排板深化设计不足 |
|---|---|
| 原因分析 | 1. 未进行排板深化设计；<br>2. 排板深化设计时未与水电、模板等专业提前协调 |
| 影响及后果 | 1. 现场切割量大，窄板易断；<br>2. 跨缝打凿切割线盒口，开裂风险高 |
| 规范标准<br>相关规定 | 《建筑轻质条板隔墙技术规程》（JGJ/T 157−2014）<br>4.1.1 条板隔墙工程应出具完整的设计文件。<br>4.3.3 条板应竖向排列，排列应采用标准板。当隔墙端部尺寸不足一块标准板宽时，可采用补板，且补板宽度不应小于 200mm。<br>4.3.5 当在条板隔墙上横向开槽、开洞敷设电气暗线、暗管、开关盒时，隔墙的厚度不宜小于 90mm，开槽长度不应大于条板宽度 1/2。不得在隔墙两侧同一部位开槽、开洞，其间距应至少错开 150mm。板面开槽、开洞应在隔墙安装7d 后进行 |
| 防治措施 | 1. 提前进行排板深化设计；<br>2. 加强与水电、模板等专业提前协调；<br>3. 应根据排板深化设计图要求采购多种标准规格的预制隔墙板，尽量减少现场切割，不应出现宽度小于 200mm 的窄条板 |
| 问题案例<br>图示 | <br><br>图 6-1　排板设计时出现宽度小于 200mm 的窄条板，导致配板困难；线盒跨缝设置，导致拼缝处易开裂 |

参考做法
图示

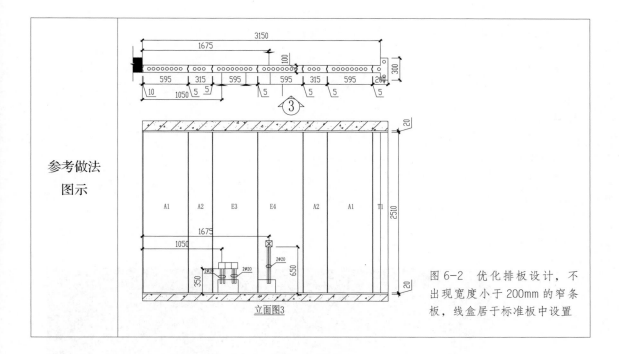

立面图3

图 6-2　优化排板设计，不出现宽度小于200mm的窄条板，线盒居于标准板中设置

| 问题 90 | 墙体长度超过规范要求，未设置构造柱 |
|---|---|
| 原因分析 | 施工前未进行深化设计，墙体长度超过规范要求，未设置构造柱 |
| 影响及后果 | 1. 墙体安装长度超过规范要求，整体收缩值变大，增大开裂风险；<br>2. 影响墙体抗震性能 |
| 规范标准<br>相关规定 | 《建筑轻质条板隔墙技术规程》（JGJ/T 157−2014）<br>4.3.2　当抗震设防地区的条板隔墙安装长度超过 6m 时，应设置构造柱，并应采取加固措施 |
| 防治措施 | 按规范要求设置构造柱 |
| 问题案例<br>图示 | <br>图 6-3　墙体长度超过规范要求，未设置构造柱，整体收缩值变大，增大开裂风险，影响墙体抗震性能 |
| 参考做法<br>图示 | <br>图 6-4　内隔墙不超过规定长度设置构造柱，并应采取加固措施 |

## 6.2　安装施工

| 问题 91 | 选用墙板质量不合格 |
|---|---|
| 原因分析 | 1. 出厂质量控制不严；<br>2. 运输过程中成品保护措施不力 |
| 影响及后果 | 需要二次修补，影响质量，费工费时 |
| 规范标准<br>相关规定 | 《建筑隔墙用轻质条板通用技术要求》（JG/T 169-2016）<br>6.1　外观质量<br>外观质量应符合表 3 的规定。（表略） |
| 防治措施 | 1. 加强出厂检验，严禁不合格产品出厂；<br>2. 运输及现场转运过程中加强成品保护；<br>3. 严格执行进场验收制度，不合格产品一律退场处理 |
| 问题案例<br>图示 | <br>图 6-5　因出厂质量控制不严或运输过程造成成品破坏，应加强进场墙板质量验收 |
| 参考做法<br>图示 | <br>图 6-6　内隔墙板质量符合要求 |

| 问题 92 | 施工现场随意切割墙板 |
|---|---|
| 原因分析 | 1. 未按排板方案施工；<br>2. 非标板配置不齐全，现场采用标准板裁切替代 |
| 影响及后果 | 1. 切割缝无阴阳榫，易开裂；<br>2. 随意切割，费工费时，影响质量 |
| 规范标准<br>相关规定 | 《建筑轻质条板隔墙技术规程》（JGJ/T 157-2014）条文说明<br>4.3.3 标准条板是在工厂大批量预制生产的规格相同的条板。为保证隔墙的使用功能，要求采用标准条板装隔墙，避免过多切割，同时对隔墙补板的宽度提出要求，因为补板宽度过窄，将因板的刚度低而造成损坏 |
| 防治措施 | 1. 严格按排板方案进行施工；<br>2. 按排板图配置非标板；<br>3. 不同规格的墙板转运到楼层应严格按对应安装区域堆放，便于施工安装 |
| 问题案例<br>图示 | <br>图6-7 因未按排板方案施工，非标板配置不齐全，现场采用标准板裁切替代，造成浪费，且切割缝无阴阳榫，易开裂 |

| 问题 93 | 墙板与结构顶部连接钢卡安装不符合要求 |
|---|---|
| 原因分析 | 1. 专项施工方案未明确钢卡设置要求，或未严格按方案要求设置钢卡；<br>2. 现场监管不到位，存在钢卡安装不到位现象 |
| 影响及后果 | 1. 粘结砂浆未达到强度前，墙板受外力撞击存在开裂、倾倒风险；<br>2. 影响墙板抗震性能 |
| 规范标准<br>相关规定 | 《建筑轻质条板隔墙技术规程》（JGJ/T 157−2014）<br>4.2.8 在抗震设防地区，条板隔墙与顶板、结构梁、主体墙和柱之间的连接应采用钢卡，并应使用胀管螺丝、射钉固定。钢卡的固定应符合下列规定：<br>　　1 条板隔墙与顶板、结构梁的接缝处，钢卡间距不应大于 600mm；<br>　　2 条板隔墙与主体墙、柱的接缝处，钢卡可间断布置，且间距不应大于 1m；<br>　　3 接板安装的条板隔墙，条板上端与顶板、结构梁的接缝处应加设钢卡进行固定，且每块条板不应少于 2 个固定点 |
| 防治措施 | 1. 专项施工方案应明确墙板与顶板、结构梁连接处定位钢卡安装位置及要求；<br>2. 钢卡应使用胀管螺丝、射钉等固定牢靠 |
| 问题案例<br>图示 | <br>图 6-8　钢卡安装不到位，粘结砂浆未达到强度前，墙板受外力撞击存在开裂、倾倒风险 |
| 参考做法<br>图示 | 图 6-9　钢卡使用胀管螺丝、射钉等固定牢靠 |

| 问题 94 | 墙板底缝填塞不符合要求 |
|---|---|
| 原因分析 | 1. 专项施工方案未明确底缝填塞做法；<br>2. 填缝前未有效清理板缝间杂物，接缝填塞不密实或填塞料强度不足；<br>3. 未严格按缝宽大小分别填塞砂浆或细石混凝土 |
| 影响及后果 | 易出现顶缝及竖向拼缝开裂等质量问题 |
| 规范标准<br>相关规定 | 《建筑轻质条板隔墙技术规程》（JGJ/T 157−2014）<br>4.3.4　条板隔墙下端与楼地面结合处宜预留安装空隙，且预留空隙在 40mm 及以下的宜填入 1:3 水泥砂浆，40mm 以上的宜填入干硬性细石混凝土，撤除木楔后的遗留空隙应采用相同强度等级的砂浆或细石混凝土填塞、捣实。<br>5.2.3　条板隔墙施工前，应先清理基层，对需要处理的光滑地面应进行凿毛处理 |
| 防治措施 | 1. 专项施工方案应明确底缝填塞做法；<br>2. 底缝填塞前应先清理基层并洒水湿润，根据缝宽大小严格按标准要求采用相应的砂浆或干硬性细石混凝土填塞；<br>3. 严禁在内隔墙安装后静置时间不足即进行嵌缝或装饰施工 |
| 问题案例<br>图示 | <br>图 6-10　墙板底缝填塞不符合要求，易出现顶缝及竖向拼缝开裂等问题 |
| 参考做法<br>图示 | <br>图 6-11　墙板底缝填塞符合要求，成型效果好 |

| 问题 95 | 墙板接缝处挤浆不符合要求 |
|---|---|
| 原因分析 | 安装时墙板阴榫处或顶部未均匀满刮粘结砂浆，填塞不饱满 |
| 影响及后果 | 接缝处易开裂 |
| 规范标准相关规定 | 《建筑轻质条板隔墙技术规程》（JGJ/T 157-2014）<br><br>5.6.2 条板隔墙接缝处应采用粘结砂浆填实，表层应采用与隔墙条板相适应的材料抹面并刮平压光，颜色应与板面相近。条板的企口接缝处应先用粘结材料打底，再用粘贴盖缝材料 |
| 防治措施 | 1. 专项施工方案应明确施工工艺流程及操作要求；<br>2. 墙板竖向灰缝宽度宜控制在 4mm～8mm；<br>3. 墙板挤浆安装时，应确保拼缝砂浆饱满、密实 |
| 问题案例图示 | 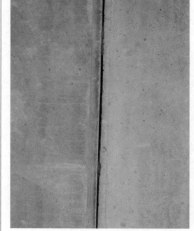<br>图 6-12 墙板阴榫处未均匀满刮粘结砂浆，填塞不饱满，拼缝处易开裂 |
| 参考做法图示 | <br>图 6-13 墙板挤浆安装时，拼缝砂浆饱满、密实 |

| 问题 96 | 墙板拼缝挂网不符合要求 |
|---|---|
| 原因分析 | 1. 专项施工方案未明确拼缝防开裂做法；<br>2. 现场监管不到位，未按专项施工方案执行 |
| 影响及后果 | 墙板拼缝开裂 |
| 规范标准<br>相关规定 | 《建筑轻质条板隔墙技术规程》（JGJ/T 157-2014）<br>4.3.8　条板隔墙的板与板之间可采取榫接、平接、双凹槽对接方式，并应根据不同材质、不同构造、不同部位的隔墙采取下列防裂措施：<br>　　1　应在板与板之间对接缝隙内填满、灌实粘结材料，企口接缝处应采取抗裂措施；<br>　　2　条板隔墙阴阳角处以及条板与建筑主体结构结合处应作专门防裂处理 |
| 防治措施 | 1. 专项施工方案应明确拼缝防开裂做法；<br>2. 拼缝应采用专用粘结剂和耐碱网格布处理，耐碱网格布用嵌缝剂粘牢、刮平，不应出现毛刺、露网 |
| 问题案例<br>图示 | 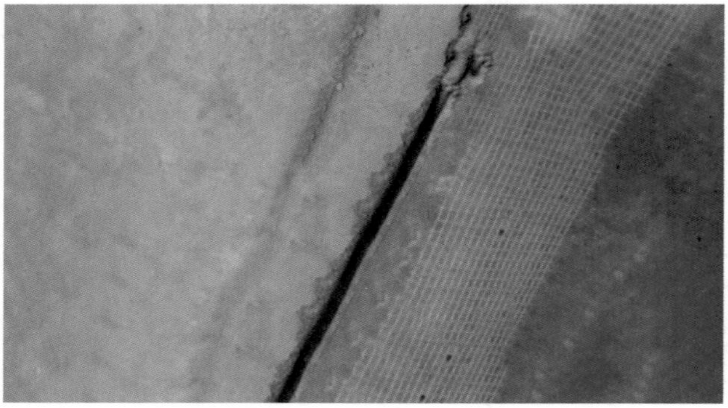 <br>图 6-14　墙板拼缝挂网不符合要求，防开裂措施不到位，墙板拼缝易开裂 |
| 参考做法<br>图示 |  <br>图 6-15　墙板拼缝采用专用粘结剂和耐碱网格布处理，耐碱网格布用嵌缝剂粘牢、刮平 |

| 问题 97 | 转角及"丁"字墙做法不合理 |
|---|---|
| 原因分析 | 1. 排板深化方案未明确异形板使用部位；<br>2. T 型、L 型异形板配置不齐全，现场采用标准板裁切替代；<br>3. 未严格按排板方案进行施工 |
| 影响及后果 | 转角处拼缝易开裂 |
| 规范标准<br>相关规定 | 《建筑轻质条板隔墙技术规程》（JGJ/T 157−2014）<br>3.2.2　条板可按其用途分为普通条板、门框板、窗框板和与之配套的异形板等辅助板材 |
| 防治措施 | 1. 排板深化方案明确异形板使用部位；<br>2. 按排板图配置 T 型、L 型异形板；<br>3. 严格按排板方案进行施工 |
| 问题案例<br>图示 | 图 6-16　T 型、L 型异形板配置不齐全，现场采用标准板裁切替代，转角处拼缝易开裂 |
| 参考做法<br>图示 | 图 6-17　排板方案及现场施工采用 T 型、L 型标准板 |

| 问题 98 | 门窗洞口处内墙处理不当 |
|---|---|
| 原因分析 | 1. 未采用配有钢筋的门头横板或其他加固措施；<br>2. 未在门角的接缝处采取加网防裂措施；<br>3. 现场切制的门头横板，切割面未清理干净，降低粘结效果；<br>4. 距板边 120mm 范围内的芯孔未采用细石混凝土灌实 |
| 影响及后果 | 门（窗）头横板与门（窗）边板连接加固不足，导致接缝开裂；实心区域不足，导致门、窗固定件锚固力不足、松动 |
| 规范标准<br>相关规定 | 《建筑轻质条板隔墙技术规程》（JGJ/T 157-2014）<br>4.3.9　确定条板隔墙上预留门、窗洞口位置时，应选用与隔墙厚度相适应的门、窗框。当采用空心条板作门、窗框板时，距板边 120mm ～ 150mm 范围内不得有空心空洞，可将空心板的第一孔用细石混凝土灌实。<br>4.3.11　当门、窗框板上部墙体高度大于 600mm 或门窗洞口宽度超过 1.5m 时，应采用配有钢筋的过梁板或采取其他加固措施，过梁扳两端搭接处不应小于 100mm。门框板、窗框板与门、窗框的接缝处应采取密封、隔声、防裂等措施。<br>5.4.4　安装门头横板时，应在门角的接缝处采取加网防裂措施。门窗框与洞口周边的连接缝应采用聚合物砂浆或弹性密封材料填实，并应采取加网补强等防裂措施 |
| 防治措施 | 1. 门头板宜采用模板下挂现浇成型，小于 150mm 的门垛宜采用现浇成型；<br>2. 内隔墙板与下挂门头板接缝处应采用聚合物砂浆填实，并采取加网防裂措施；<br>3. 当采用空心墙板作门、窗框板时，距板边 120mm 范围内的芯孔应采用细石混凝土灌实 |

| | |
|---|---|
| 问题案例<br>图示 | <br>图6-18　未采用现浇下挂钢筋混凝土门头板，现场切制的门头横板，易出现连接加固不足，导致接缝开裂 |
| 参考做法<br>图示 | 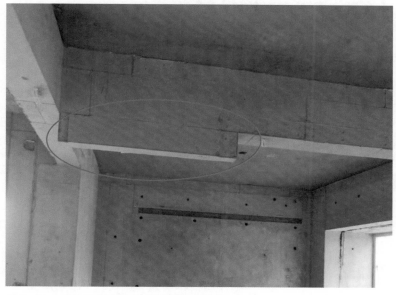<br>图6-19　采用现浇下挂钢筋混凝土门头板 |

| 问题 99 | 墙板水电开槽随意打凿 |
|---|---|
| 原因分析 | 未使用专业的切割工具按设计尺寸开槽切割 |
| 影响及后果 | 线槽填补效果差，易开裂，影响墙体质量 |
| 规范标准<br>相关规定 | 《建筑轻质条板隔墙技术规程》（JGJ/T 157—2014）<br>6.2.10　隔墙上开的孔洞、槽、盒应位置准确、套割方正、边缘整齐 |
| 防治措施 | 应使用专业的切割工具按设计尺寸开槽切割，禁止用锤子、凿子等硬物直接打凿 |
| 问题案例<br>图示 | <br>图 6-20　未使用专业的切割工具按设计尺寸开槽切割墙板，线槽填补效果差，易开裂，影响墙体质量 |
| 参考做法<br>图示 | <br>图 6-21　使用专业切割工具（电源锯）进行开槽 |

# 7 机电与装修施工

装配式建筑的机电施工主要是指电气配管、给排水、防雷接地等机电设备在预制构件上的预埋预留。为了保证机电设备安装准确，误差在允许范围内，就需要机电设备在预制构件深化设计、生产、施工各个环节中进行充分配合，避免错漏碰缺、二次处理。

装修施工由于涉及面较广，在本书中暂不一一列举。本章内容主要是针对整体厨房和整体卫浴施工。在实际施工过程中，往往由于设计阶段各专业衔接不到位、工艺链条不完善，出现施工困难、局部渗漏等质量问题。

为提高机电与装修施工质量，在建筑设计阶段，设计单位就应开始与部品生产厂家做技术沟通，部品生产厂家应配合设计单位完成机电、门窗、精装设计方案，对于构件深化设计需考虑构件耐久性、易安装性，杜绝在现场做二次开孔、剔槽作业等，才能全面提升产品品质。在部品运输阶段，应做好包装保护，防止边角等磕碰损伤。施工单位、监理单位应严格执行进场验收制度，对部品部件的结构尺寸、机电预留等做严格的检查验收，防止不合格部品部件进入施工现场。在施工阶段，应加强工人操作技术培训，增强技术质量意识，严格按要求施工安装。在检验批验收阶段，应对机电隐蔽工程等加强检查和现场试验，防止事后出现漏水、漏电等质量问题。

本章针对装配式建筑机电与装修施工安装过程中遇到的常见问题进行梳理分析，提出相应的防治措施。

# 7.1　机电施工

| 问题 100 | 水电线管的接驳口与水电预埋的部位有偏差 |
|---|---|
| 原因分析 | 现浇部位预埋管线位置错误或内隔墙深化设计时未考虑水电管线预埋 |
| 影响及后果 | 重复开槽，墙体的隔音性能受损且影响后续精装 |
| 规范标准<br>相关规定 | 《建筑轻质条板隔墙技术规程》（JGJ/T 157−2014）<br>5.5.2　安装水电管线时，应根据施工技术文件的相关要求，先在隔墙上弹墨线定位，再按弹出的定位墨线位置切割横向、纵向线槽和开关盒洞口，并应使用专用的切割工具按设计规定尺寸单面开槽切割，不应在条板隔墙上任意开槽、开洞 |
| 防治措施 | 1. 水电线定位放线须准确，相关专业单位需要复核；<br>2. 如出现管线不对应情况，应使用专业的切割工具按设计规定尺寸单面开槽切割 |
| 问题案例<br>图示 | <br>图 7−1　内隔墙深化设计时未考虑水电管线预埋，需重复开槽墙体，造成墙体开裂，影响后续装修 |
| 参考做法<br>图示 | <br>图 7−2　结合精装图纸，水电线定位准确，预埋线盒 |

| 问题 101 | 叠合板内电气管线交叉、密集，导致混凝土浇筑超厚 |
|---|---|
| 原因分析 | 1. 叠合板现浇层预留厚度不足；<br>2. 施工现场楼板电气管线排布缺乏管理 |
| 影响及后果 | 1. 混凝土浇筑超设计厚度，影响后期精装贴砖或木地板安装，需二次处理，费工费时，影响质量；<br>2. 易导致管线保护层厚度不足 |
| 规范标准相关规定 | 《装配式混凝土结构技术规程》（JGJ 1-2014）<br>6.6.2　后浇混凝土叠合层厚度不应小于60mm |
| 防治措施 | 1. 叠合板现浇层设计时应预留足够厚度，建议不少于70mm；<br>2. 深化电气管线排布图，并与安装班组交底；<br>3. 做好水电预埋隐蔽验收；<br>4. 机电管线较多的强弱电箱以及公共区域管井部位，应协调设计单位加大板厚，或设计为现浇混凝土楼板 |
| 问题案例图示 |  图7-3　局部管线交叉排布3层，易导致叠合层混凝土超厚或管线保护层厚度不足 |
| 参考做法图示 |  图7-4　优化管线排布，减少交叉 |

| 问题 102 | 现浇结构预埋线管定位不准，造成与预制外墙预埋线管错位 |
|---|---|
| 原因分析 | 1. 预制构件图与现浇结构图纸预埋管线标注位置不同；<br>2. 预制构件或现浇结构预埋管线误差大 |
| 影响及后果 | 后期穿线存在困难，需二次处理，费工费时，影响质量 |
| 规范标准<br>相关规定 | 《装配式混凝土建筑技术标准》（GB/T 51231-2016）<br>7.1.3　装配式混凝土建筑的设备与管线应合理选型，准确定位。<br>8.1.4　装配式混凝土建筑的内部部品与室内管线应与预制构件的深化设计紧密配合，预留接口位置应准确到位 |
| 防治措施 | 1. 确保预制构件图与现浇结构图纸预埋管线标注准确；<br>2. 加强现场监管，确保施工误差在允许范围之内 |
| 问题案例<br>图示 | <br>图 7-5　现浇结构预埋管线定位不准，后期穿线存在困难 |
| 参考做法<br>图示 | 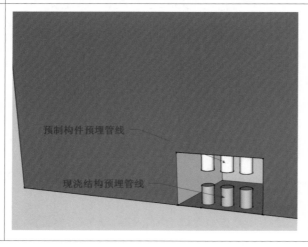<br>图 7-6　采用 BIM 技术模拟，图纸精度定位，确保现浇结构预埋管线准确 |

| 问题 103 | 预留新风进气孔洞位置错误 |
|---|---|
| 原因分析 | 1. 水电设计未与装修设计沟通协调，集成设计；<br>2. 设计新风进气口位置没有考虑实际使用功能 |
| 影响及后果 | 1. 放在窗帘后，不利于新风尽快与室内空气的混合；<br>2. 高度太高，不利于检修及更换滤网 |
| 规范标准<br>相关规定 | 《装配式混凝土建筑技术标准》（GB/T 51231-2016）<br>7.1.3 装配式混凝土建筑的设备与管线应合理选型，准确定位。<br>8.1.4 装配式混凝土建筑的内部部品与室内管线应与预制构件的深化设计紧密配合，预留接口位置应准确到位 |
| 防治措施 | 进行新风进气口设计时，需与相关专业确认有无影响及考虑实用性 |
| 问题案例<br>图示 | 图 7-7 水电设计未与装修设计沟通协调，集成设计，导致预留孔洞不合理 |
| 参考做法<br>图示 | 图 7-8 机电预留孔洞与装修集成设计，新风进气口考虑实际使用功能 |

## 7.2 整体卫浴

| 问题 104 | 建筑、结构设计未考虑整体卫浴的要求 |
|---|---|
| 原因分析 | 1. 建筑设计没有与整体卫浴生产企业提前做好设计沟通、协调；<br>2. 主体结构施工单位没有按照建筑设计和规范要求制作建筑结构 |
| 影响及后果 | 1. 现场修改，费工费时，影响质量；<br>2. 整体卫浴部品、部件生产企业需制作非标户型，供货周期长，成本高 |
| 规范标准<br>相关规定 | 《装配式整体卫生间应用技术标准》（JGJ/T 467-2018）<br>5.2.1 建筑设计应协调结构、内装、设备等专业共同确定整体卫生间的布局方案、结构方案、设备管线敷设方式和路径、主体结构孔洞尺寸预留以及管道井位置等。<br>5.2.5 当整体卫生间设置外窗时，应与外围护墙体协同设计。<br>5.2.7 整体卫生间门的设计选型应与内装设计进行协调 |
| 防治措施 | 1. 建筑设计应协调结构、内装、设备等专业共同确定整体卫浴的布局方案、结构方案、设备管线敷设方式和路径、主体结构孔洞尺寸预留以及管道井位置等；<br>2. 主体结构施工单位应保证现浇结构尺寸准确，误差满足验收规范；<br>3. 严格执行交接验收制度 |
| 问题案例<br>图示 | 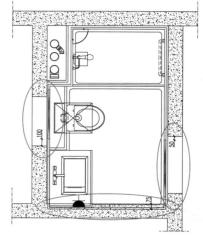 <br>图 7-9　建筑、结构设计、施工时未考虑整体卫浴安装要求 |

| 参考做法图示 | 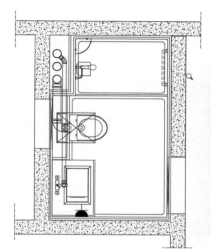  |
| --- | --- |
| | 图7-10 建筑、结构设计、施工时考虑整体卫浴安装要求，方便施工 |

| 问题 105 | 整体厨卫未做好预留预埋 |
|---|---|
| 原因分析 | 1. 建筑设计与内装修、水电专业未提前协调，水电点位定位尺寸未复核；<br>2. 厨卫部品部件生产企业产品设计深度不够，部分产品需现场开孔、现场加强；<br>3. 现场监管不到位，施工单位安装不规范 |
| 影响及后果 | 1. 现场手工开孔，加大制作难度，降低板材耐久性、美观度，费工费时；<br>2. 存在质量隐患 |
| 规范标准<br>相关规定 | 《装配式整体厨房应用技术标准》（JGJ/T 477-2018）<br>4.1.3 厨房内各种管线接口应为标准化设计，并应准确定位。<br>4.2.3 厨房墙面应符合下列规定：<br>　　3 当安装吊柜和厨房电器的墙体为非承重墙体时，其吊装部位应采取加强措施，满足安全要求。<br>《装配式整体卫生间应用技术标准》（JGJ/T 467-2018）<br>5.2.6 当集成式卫浴的设备管线穿越主体结构时，应与内装、结构、设备专业协调，孔洞预留定位应准确。<br>5.5.2 整体卫生间的配电线路应穿导管保护 |
| 防治措施 | 1. 建筑设计阶段应统筹协调内装、结构、设备专业，孔洞预留定位应准确，充分发挥 BIM 技术在设计、安装中的作用；<br>2. 部品部件产品生产应考虑各类后安装设备及管线的加强、保护措施；<br>3. 现场监理应加强对施工安装单位安装工艺的监管 |
| 问题案例<br>图示 | 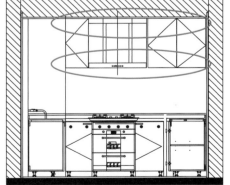<br>图 7-11 整体厨卫生产时未预埋线盒，现场手工开孔，降低板材耐久性、美观度，费工费时　　图 7-12 整体厨卫生产图纸未明确表达设备承重加强板，现场后做加强板，费工费时 |

| | |
|---|---|
| 参考做法<br>图示 | <br>图7-13　整体厨卫生产时预埋线盒 | 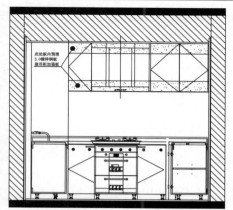<br>图7-14　整体厨卫生产图纸明确表达设备承重加强板 |

| 问题 106 | 整体卫浴现场贴砖 |
|---|---|
| 原因分析 | 部分整体卫浴生产企业产品制作工艺、设备落后 |
| 影响及后果 | 现场手工贴砖，效率低下，质量难以保证 |
| 规范标准<br>相关规定 | 《装配式混凝土结构技术规程》（JGJ 1-2014）<br>11.3.2　带面砖或石材饰面的预制构件宜采用反打一次成型工艺制作 |
| 防治措施 | 1. 建设单位做好整体卫浴生产企业制造能力的调研；<br>2. 现场监理加强整体卫浴生产企业产品的监督，禁止在工地现场做贴砖工作 |
| 问题案例<br>图示 | <br>图 7-15　整体卫浴生产企业采用现场手工贴砖，效率低下，质量难以保证 |
| 参考做法<br>图示 | <br>图 7-16　整体卫浴带面砖或石材饰面<br>宜采用反打一次成型工艺制作 |

| 问题 107 | 整体厨卫给排水管道材质连接方式与建筑主管不匹配 |
|---|---|
| 原因分析 | 设计单位与整体厨卫生产企业、EPC 总承包方未对给排水管道材质和连接方式做统一要求 |
| 影响及后果 | 管道连接不可靠，存在漏水隐患 |
| 规范标准相关规定 | 《装配式整体卫生间应用技术标准》（JGJ/T 467−2018）<br>5.3.2　整体卫生间选用管道材质、品牌和连接方式应与建筑预留管道匹配 |
| 防治措施 | 1. 建设单位应协调各方，统一给排水管道材质、连接方式；<br>2. 加强给排水管道材料的进场验收管理工作 |
| 问题案例图示 | 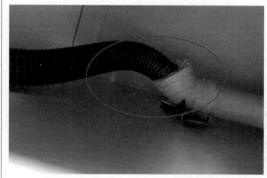 图 7-17　设计单位与整体厨卫生产企业、EPC 总承包方未对给排水管道材质和连接方式做统一要求，易出现管道连接不可靠，存在漏水隐患 |
| 参考做法图示 |  图 7-18　整体厨卫生产企业与 EPC 总承包方对给排水管道材质和连接方式做统一要求，集成生产 |

| 问题 108 | 整体卫浴成品保护措施不到位 |
|---|---|
| 原因分析 | 1. 出厂前未做成品保护；<br>2. 施工完成后未做相应保护，或施工现场成品保护被破坏 |
| 影响及后果 | 产品表面碰撞损伤，美观度降低，后期清洁、维修、更换工作量大 |
| 规范标准<br>相关规定 | 《装配式整体卫生间应用技术标准》（JGJ/T 467-2018）<br>6.3.4　对带有装饰面层的产品，应采取可靠的保护措施。<br>7.4.3　整体卫生间安装完毕后，应及时办理验收和封闭保护工作，同时应在醒目位置设置保护牌 |
| 防治措施 | 1. 对带有装饰面层的壁板、天花板、底盘，在生产、打包过程中注意搬运保护，装饰面可使用珍珠棉保护，避免损伤；<br>2. 对带有装饰面层的壁板、天花板、底盘，在运输过程中采取可靠包装和固定方式，避免磕碰损伤；<br>3. 壁板、天花、底盘部件在施工安装过程中注意不要损坏装饰表面，安装完毕后，应立即在内装饰表面铺贴保护材料，防止后续工种进入作业时损伤装饰面；<br>4. 整体卫浴内部安装完毕后，应及时办理验收和外部封闭保护工作（如安装临时挂锁、使用木夹板包裹等） |
| 问题案例<br>图示 | <br>图 7-19　整体卫浴成品保护措施不到位，产品易被碰撞损伤，美观度降低，后期清洁、维修、更换工作量大 |
| 参考做法<br>图示 | <br>图 7-20　整体卫浴成品保护措施到位 |

# 问题索引

## 【装配式建筑设计】

1. 未进行装配式建筑方案设计前期技术策划或策划方案不合理

2. 户型标准化或预制构件标准化程度较低

3. 预制构件类型选择不合理，未综合考虑后期安装工艺

4. 建筑立面分隔缝与预制构件拼缝未协调统一

5. 建筑设计未考虑现浇部位与预制构件交接位置的预制构件安装支承

6. 预制构件的复杂线条，影响模板施工

7. 预制外墙板水平接缝处未设置构造防水

8. 预制外墙板接缝未设计排水导管

9. 预制挑板下檐未设计截水措施

10. 预制外墙板的水平拼缝标高设计不合理

11. 室内建筑完成面高度超出预埋窗框边缘

12. 镜像预制构件未区别编号

13. 结构主体计算未准确考虑预制构件的影响

14. 预制混凝土构造墙设计不合理

15. 设计剪刀梯时梯板间隔墙设计在预制滑动楼梯梯板上

16. 预制构件与现浇部位连接处未设计抗剪槽或粗糙面

17. 预制构件连接节点设计不符合原结构设计要求

18. 预制阳台梁上存在现浇构造柱时，预制阳台未预留插筋

19. 预制构件与现浇梁底面、侧面或现浇墙面未平齐

20. 叠合楼板未按要求预留模板传料口

21. 预制构件吊点位置设计不合理

22. 预埋件位置不合理，导致钢筋保护层厚度不足

23. 预制阳台预留立管弯头无法安装

24. 叠合板下隔墙有线盒开关，叠合板对应位置未预留孔洞

25. 预制构件预留线盒未设计接线管

26. 预制构件内预埋管线与钢筋冲突

## 【预制构件生产与运输】

27. 预制构件混凝土表面污染

28. 预制构件与现浇部位连接处粗糙面不符合要求

29. 预制构件缺棱掉角

30. 预制构件开裂

31. 预制构件外露钢筋变形

32. 预制构件截面尺寸偏差较大

33. 预制构件平整度不合格

34. 预制构件钢筋定位不准、钢筋保护层不合格

35. 叠合板桁架筋制作、定位不规范

36. 预制构件吊点埋件断裂、脱落

37. 预制构件预埋线盒变形或偏位

38. 预制构件上预埋线管口、注浆孔被异物堵塞

39. 预制构件外露预埋件锈蚀

40. 预制构件与铝模拉杆连接的预埋套筒脱落

41. 预制构件表面灌浆管口、出浆管口错乱

42. 预制构件内灌浆套筒灌浆管口、出浆管口堵塞

43. 预制构件中预埋灌浆套筒偏位

44. 半灌浆套筒螺纹接头不满足要求

45. 预制构件标识位置不合理

46. 叠合板未做起吊吊点标识

47. 叠合板未做安装方向标识

48. 预制构件运输过程中移动、倾覆、变形

49. 预制构件运输过程中破损

## 【预制构件施工安装】

50. 施工道路布置（大门入口高度、转弯半径、坡度、硬化等）不合理

51. 预制构件堆场规划不合理

## 【装配式模板】

83. 模板与预制构件连接不牢固

## 【施工设施】

84. 爬架与主体结构间距不满足要求，影响预制构件安装

85. 爬架导座未固定在现浇结构梁板上

86. 爬架导座处混凝土开裂

87. 爬架导座与预制构件上预埋窗框冲突

88. 塔吊安全通道未与爬架协调统一设计

## 【预制内隔墙】

89. 排板深化设计不足

90. 墙体长度超过规范要求，未设置构造柱

91. 选用墙板质量不合格

92. 施工现场随意切割墙板

93. 墙板与结构顶部连接钢卡安装不符合要求

94. 墙板底缝填塞不符合要求

95. 墙板拼缝处挤浆不符合要求

96. 墙板拼缝挂网不符合要求

97. 转角及"丁"字墙做法不合理

98. 门窗洞口处内墙处理不当

99. 墙板水电开槽随意打凿

## 【机电与装修施工】

100. 水电线管的接驳口与水电预埋的部位有偏差

101. 叠合板内电气管线交叉、密集，导致混凝土浇筑超厚

102. 现浇结构预埋线管定位不准，造成与预制外墙预埋线管错位

103. 预留新风进气孔洞位置错误

104. 建筑、结构设计未考虑整体卫浴的要求

105. 整体厨卫未做好预留预埋

106. 整体卫浴现场贴砖

107. 整体厨卫给排水管道材质连接方式与建筑主管不匹配

108. 整体卫浴成品保护措施不到位

# 参考文件

1. 《混凝土结构设计规范》（GB 50010—2010）

2. 《建筑抗震设计规范》（GB50010—2010）（2016 年版）

3. 《混凝土结构工程施工质量验收规范》（GB 50204—2015）

4. 《混凝土结构工程施工规范》（GB 50666—2011）

5. 《装配式混凝土建筑技术标准》（GB/T 51231—2016）

6. 《装配式混凝土结构技术规程》（JGJ 1—2014）

7. 《钢筋机械连接技术规程》（JGJ 107—2016）

8. 《建筑施工工具式脚手架安全技术规范》（JGJ 202—2010）

9. 《钢筋套筒灌浆连接应用技术规程》（JGJ 355—2015）

10. 《组合铝合金模板工程技术规程》（JGJ 386—2016）

11. 《建筑轻质条板隔墙技术规程》（JGJ/T 157—2014）

12. 《建筑隔墙用轻质条板通用技术要求》（JG/T 169—2016）

13. 《建筑外墙防水工程技术规程》（JGJ/T 235—2011）

14. 《装配式整体卫生间应用技术标准》（JGJ/T 467—2018）

15. 《装配式整体厨房应用技术标准》（JGJ/T 477—2018）

16. 《装配式混凝土建筑结构技术规程》（DBJ 15—107—2016）

17. 《装配式混凝土建筑深化设计技术规程》（DBJ/T 15—155—2019）

18. 《装配式混凝土建筑工程施工质量验收规范》（DBJ/T 15/171—2019）

19. 《预制装配整体式钢筋混凝土结构技术规范》（SJG 18—2009）

20. 《装配式混凝凝土建筑施工工艺规程》（T/CCIAT 0001—2017）

21. 《灌浆套筒剪力墙应用技术标准》（T/BIAS 2—2018）

22. 《预制混凝土构件产品标识标准》（T/BIAS 3—2019）

23. 《装配式混凝土建筑设计文件编制深度标准》（T/BIAS 4—2019）

24. 《桁架钢筋混凝土叠合板（60mm 厚底板）》（15G366—1）